U0166985

国防科普大家小书

反导武器

空天安全的保护伞

陈志杰　著

科学出版社

北　京

内 容 简 介

本书以通俗易懂的语言介绍了反导武器发展的背景及战略意义、反导武器关键技术的发展历程，从初始段拦截、中间段拦截和末段拦截三个阶段阐述了反导武器系统的组成、工作原理及作战过程，并详细介绍了美国和俄罗斯现役的反导武器系统，最后对反导武器系统的技术发展趋势进行了探讨。

本书适合大众阅读，特别是可作为广大军事爱好者学习反导武器系统知识的入门读物，也可供其他专业的科研工作者参考使用。

图书在版编目（CIP）数据

反导武器：空天安全的保护伞 / 陈志杰著. —北京：科学出版社，2023.9

（国防科普大家小书）

ISBN 978-7-03-076277-1

Ⅰ. ①反… Ⅱ. ①陈… Ⅲ. ①反导弹武器–普及读物 Ⅳ. ①TJ76-49

中国国家版本馆 CIP 数据核字（2023）第167297号

丛书策划：张　凡　侯俊琳
责任编辑：张　莉 / 责任校对：韩　杨
责任印制：师艳茹 / 封面设计：有道文化

科 学 出 版 社 出版

北京东黄城根北街 16 号
邮政编码：100717
http://www.sciencep.com

北京中科印刷有限公司 印刷
科学出版社发行　各地新华书店经销

*

2023年9月第　一　版　开本：720×1000　1/16
2023年9月第一次印刷　印张：11
字数：125 000

定价：**58.00元**

（如有印装质量问题，我社负责调换）

序

战略核导弹是人类有史以来杀伤威力最大的武器，甚至一度成为影响世界政治格局的工具。冷战期间，美苏两国为获得压倒对方的核优势竞相发展战略核导弹以实现"确保相互摧毁"，这使得核大国毁灭地球的能力达到了顶峰，人类笼罩在核战争的阴云之下。为了防御敌人的导弹袭击，打破核平衡，反导武器系统（又称弹道导弹防御系统）应运而生，并随着弹道导弹技术的进步而不断发展，最终成为世界上最庞大、最复杂的武器系统。

面对纷繁复杂的反导武器系统的信息，军事爱好者可能会有很多疑问：围绕弹道导弹和反导武器系统的部署，美苏两国争吵了近半个世纪，为什么在限制战略核导弹的同时要拉上反导武器系统？"星球大战"、战区导弹防御系统（Theatre Missile Defense，TMD）和国家导弹防御系统（National Missile Defense，NMD）等名词大家可能耳熟能详，但它们都是在什么历史背景下提出来的？各自都包含哪些子系统？是如何工作的？相互之间是什么关系？人们常常把弹道导弹拦截比喻成"用一颗子弹打中一只飞行中的苍蝇"，那究竟是哪些因素导致难度如此之高，又有哪些技术可以保证对来袭导弹的准确拦截呢？未来的反导武器系统还会怎么发展？为了解答这些问题，同时为了向广大国防科技工作者、军事爱好者及有志于投身国防事业的莘莘学子介绍反导武器系统的组成、关键技术和发展趋势，陈志杰院士应邀撰写了《反导武器：空天安全的保护伞》一书。该书以平实的语言阐述了反导武器系统的发展历史、工作原理和作战过程，并详细介绍了美国和俄罗斯的典型反导武器系统，最后对导弹防御技术的发展方向进行了展望。

希望该书能帮助读者全面了解反导武器系统及技术，为广大科技工作者提供有益的知识基础和新的思路，从而为我国国防科技的发展做出新的贡献。

中国工程院院士 钟山

2023 年 8 月 10 日

前　言

　　弹道导弹和反导武器系统是矛与盾的关系。自德国的"V-2"导弹问世以来，尤其是当弹道导弹与核弹相结合后具有了巨大的毁灭能力、高度的精确性和强大的突防能力，世界各军事大国就一直在寻找对付弹道导弹的技术途径。美苏两国为了获得绝对的安全和单方面的战略优势，在保持其强大的核导弹部署的同时，还积极发展先进的反导技术。

　　反导武器系统又称为弹道导弹防御系统，它是通过发射拦截弹将来袭弹道导弹摧毁的。最早的反导武器系统是在防空导弹的基础上发展起来的，并一直伴随着弹道导弹突防技术的进步而不断发展，拦截技术的发展主要分为以核制核和直接碰撞杀伤两个阶段，武器系统作战方式也由单打独斗发展为体系对抗。反导武器系统主要由预警跟踪系统、指挥控制系统和拦截武器系统三部分组成。其中，预警跟踪系统主要用于及早发现弹道导弹发射事件，及时给指挥控制系统进行预警，并精确跟踪、识别目标，指引拦截弹对目标进行拦截；指挥控制系统是连接预警跟踪系统和拦截武器系统的桥梁，也是反导作战信息处理和指挥决策的神经中枢，主要负责进行作战筹划，掌握空天战场态势，进行辅助决策、威胁判断和作战计划（方案）生成，实施作战资源管理，指挥、控制、协调各种参战力量的作战行动等；拦截武器系统在预警跟踪系统的支援下，由指挥控制系统指挥控制并发射拦截弹，对来袭的目标进行拦截。

本书作为"国防科普大家小书"丛书之一，尽可能用简单易懂的语言阐述反导武器系统的研制背景、发展历程、系统组成与作战过程、现役的典型反导武器系统以及未来的技术发展趋势，希望为读者提供一个较为完整的视角来了解反导武器系统。本书可为其他专业的科研工作者和军事爱好者了解反导武器系统的原理及作战使用提供参考。

本书共分五章。第一章介绍了弹道导弹、核武器和战略核导弹等武器装备的发展历史；第二章从攻防双方博弈的角度讲述了弹道导弹和反导防御技术与作战思想的发展历程；第三章阐述了反导武器系统的分类和功能组成以及作战过程；第四章介绍了美国和俄罗斯现役的典型反导武器系统；第五章分析了反导武器系统的未来发展趋势。

本书中引用了一些优秀著作的内容，参考了大量学术论文和资料，在书后的参考文献中列出。

作者力求帮助读者系统地了解反导武器系统发展的历史背景、所使用技术的战术意义和作战方式所包含的军事思想，但受水平所限，书中不妥之处在所难免，敬请广大读者批评指正。

中国工程院院士　陈志杰

2023 年 7 月 1 日

目录

第一章
战略核导弹：
挥之不去的梦魇

只要有 400～600 枚热核弹头，就足以把 50%～75% 的苏联工业生产能力毁掉。
——美国国防部原部长罗伯特·麦克纳马拉

一按电钮就可以把地球毁掉。
——尼基塔·谢尔盖耶维奇·赫鲁晓夫

第二次世界大战催生了两件对战争乃至国际政治形势影响巨大的武器：弹道导弹和核弹。弹道导弹由于具有超远的射程，模糊了战争的前线和后方的界限，以前远离前线，传统上认为比较安全的军政机关反而成为重点打击目标；核弹因为具有巨大的杀伤能力，使得被袭击的整个城市都难以幸免，平民受到的生命威胁更甚于军队。

第二次世界大战后，小型化但威力不减的核武器与射程越来越远、精度越来越高的弹道导弹相结合形成的战略核导弹，犹如"死亡幽灵"般飘荡在人类的头顶。冷战中对峙的美苏双方为了遏制对方发动核打击，各自装备的战略核导弹足以毁灭地球好几次。核导弹军备竞赛形成的相互摧毁能力使双方都不敢轻举妄动，为打破僵持局面，获取核战略优势，发展能够拦截敌方核导弹并使己方免于核打击的反导武器系统成为双方的必然选择。战略核导弹是矛，反导武器是盾，是先有了矛才有了盾。因此，下面先简要介绍一下战略核导弹的发展历史。

一、希特勒的"复仇武器"：弹道导弹出世

"V-2"导弹

"V-2"意为"复仇武器2号"，是德国研制的世界上最早投入实战的弹道导弹。德国还研制了另外一种导弹"V-1"，其形状和飞行方式与飞机非常像，是巡航导弹的鼻祖。

第二次世界大战后期战场上的制空权完全被盟国空军掌握，德军派去英国伦敦的轰炸机一般是"有去无回"，甚至根本难以接近目标，弹道导弹就成了实施远程打击的理想武器。1937年，德国开始研究弹道导弹，1942年研制成功，代号为"A-4"，并开始批量生产。1944年9月正

式命名为"V-2"火箭，并于 9 月 8 日对英国伦敦进行首次攻击，从此举世闻名。

"V-2"导弹以液体火箭发动机为动力，使用酒精和液氧作为推进剂，每分钟消耗酒精 4 吨，消耗液氧约 5 吨。第一枚射向英国伦敦的"V-2"导弹总重 13 吨（其中燃料重 8.5 吨），弹长 14 米，战斗部为 1 吨烈性炸药。发射时，酒精与液氧在燃烧室内混合并燃烧，经喷管喷射产生巨大的推力。"V-2"导弹的飞行弹道最高点超过 80 千米，射程超过 320 千米，整个飞行时间为 3 ~ 4 分钟。由于飞行速度非常快，当时还无法对其进行防御。

1944 年 5 月 20 日，德军在波兰的布列兹纳（Blizna）试射了一枚"V-2"导弹，但以失败告终。这枚导弹在升空后不久就掉在了布格河（Bug River）岸边，没有爆炸。波兰地下抵抗运动组织抢在德军到达之前通过人力将这枚导弹搬到河里，使其沉于河底，还赶来一群牛把河水搅浑以掩人耳目。这样，这枚导弹成功瞒过了德军的搜寻，并很快被运到英国伦敦，英国专家花了两周时间对它从里到外进行了仔细研究，发现它的飞行速度远超声速，并由此得出结论："V-2"导弹是无法防御的。

当时导弹制导和控制系统的精度不高且只装普通炸药，杀伤力十分有限，圆概率误差竟达 5000 米。德军从 1944 年 9 月到 1945 年 3 月的 7 个月时间里向英国陆续发射了 1402 枚"V-2"导弹（图 1-1），虽然仅有 517 枚落到了伦敦，却给伦敦造成了惨重的损失，当地居民笼罩在巨大的心理恐惧之下。

> **圆概率误差**
>
> 用来度量导弹精度的指标。以目标为圆心画一个圆圈，如果导弹命中此圆圈的概率最少有一半，则此圆圈的半径就是圆概率误差。

图 1-1　发射架上的"V-2"导弹

　　1945 年 2 月第二次世界大战结束前夕，苏、美、英三国之间秘密展开了一场紧张的竞赛：抢夺德国火箭技术。美军首先找到了德国火箭研制部门的负责人——当时年仅 33 岁的冯・布劳恩（von Braun），通过他找到了位于德国中部哈茨（Harz）山区的地下导弹制造工厂，并先于苏军一天运走了工厂中所有的"V-1"和"V-2"导弹以及生产这些导弹用的精密仪器。一起被带走的还有藏在秘密矿井中的重达 8 吨的技术文件，这正是英国人在苦苦寻找的目标。苏军随后拆走了地下导弹制造工厂里所有能移动的设备，并带走了其他导弹研制专家。一年后，借助德国"V-2"导弹的专家和资料，美国和苏联分别改型研制出了"红石"（Redstone）导弹和"P-2"导弹。

　　弹道导弹是指只有一小段时间有动力飞行，其余时间是自由抛物体弹道飞行的导弹。它通过携带核武器、常规高效弹药或生化武器弹头，攻击敌方重要目标。

　　按作战任务，弹道导弹可分成战略弹道导弹和战术弹道导弹两大类。战略弹道导弹一般装有核弹头，通常射程在 3500 千米以上，主要用于打击敌方的政治与经济中心、重要军事基地、核武器库、交通枢纽等重要战略目标。战术弹道导弹通常装有常规弹药（或小当量核弹头、生化武器弹头），除少数中程战术弹道导弹的射程达到 3000～3500 千米外，大部分射程在 1000 千米以内，多属近程弹道导弹，主要用于打击集结的军队、坦克、飞机、舰船、雷达、指挥所、机场、港口、交通枢纽等目标。

　　按射程，弹道导弹可分成洲际弹道导弹、远程弹道导弹、中程弹道导弹和近程弹道导弹。

　　按发射平台，弹道导弹可分为地面发射弹道导弹和潜艇水下发射弹道导弹两类。地面发射包括基地发射、地下井发射、陆基公路机动发射和陆基铁路机动发射；潜艇水下发射时，弹道导弹被弹射出水面后火箭发动机才点火。

战略弹道导弹的运动轨迹分为有动力飞行的主动段（又称助推段）和无动力飞行的被动段（末助推段、中段、末段）。在主动段，弹道导弹垂直发射升空，然后转弯，在火箭发动机（一般为 2 ～ 3 级）推力和制导系统的作用下，沿预定轨道上升，做加速运动；当弹道导弹的运动状态参数（高度、速度、弹道倾角等）达到命中目标要求的参数值时，火箭发动机关机，弹头与弹体分离，进入被动段。在被动段，弹头在接近真空的太空中做惯性飞行（距离地面100 千米以上），作用在弹头上的力主要是地球引力。被动段又可分为自由飞行段和再入段。自由飞行段的前段称为末助推段，其后段称为中段（这是弹道导弹的主要飞行时间段）。在再入段（也称末段），弹头再入稠密大气层，以极高的速度下落，攻击目标。弹道导弹质心运动轨迹是一个近似椭圆的部分弧段（图 1-2）。

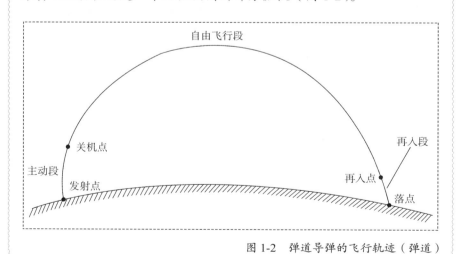

图 1-2　弹道导弹的飞行轨迹（弹道）

二、"地狱之火"：核武器

（一）轰炸日本

1945 年 8 月 6 日 7 时 9 分，一架美国气象侦察机飞抵日本广岛上空，日本防空部队立即拉响了警报，7 时 31 分气象侦察机飞离，警报解除，人们离开防空洞开始照常上班。8 时 15 分，一架"B-29"轰炸机飞临广岛城市上空，投下了世界上第一颗用于实战的原子弹。

爆炸当量

又称 TNT（学名：三硝基甲苯）炸药爆炸当量，用来衡量炸药的爆炸造成的威力相当于多少质量的 TNT 炸药爆炸所产生的威力。

这颗原子弹的代号为"小男孩"（Little Boy）， 重 4.4 吨，核装料为铀-235，爆炸当量为1.5 万吨。为了使投弹飞机有足够时间飞离爆心，以免遭受核爆产生的光辐射和冲击波的损伤，原子弹上带着降落伞，在离地600 米的空中起爆。刹那间闪光强烈，火光冲天，紧接着是冲击波带来的巨大破坏，广岛市瞬间变成了一片火海与废墟，爆炸后升起了 1 万多米高的蘑菇云，完全遮住了阳光，天空一片昏暗。当时广岛市有 24 万居民，当场死亡七八万人，受伤者达 7 万多人，90%的建筑被破坏。从此人类进入恐怖的核武器时代。

为迫使日本政府尽快无条件投降，美国于 1945 年 8 月 9 日 11 时2 分又用"B-29"轰炸机在日本长崎投下第二颗原子弹，绰号为"胖子"（Fat Man）。这颗原子弹的核装料为钚-239，重约 4.5 吨，爆炸当量为 2 万吨。因吸取了广岛被空袭的教训，长崎市民纷纷躲进防空洞，即便是这样，这次空袭也导致约 3.5 万人丧生，6 万人负伤。

（二）威慑苏联

1946 年初，美国与苏联因伊朗问题发生争执。此前，美、英、苏三方曾商定，三国共同占领伊朗直到战争结束 6 个月后撤军，三方凭借石油特许开采权获取经济利益。战后，伊朗建立了亲西方政权，和美国一道反对苏联的经济要求。于是，苏联便拒绝撤军，要求与英国享受同等的石油特许开采权，并将装甲部队开往苏伊边境，支持伊朗国内的反政府革命运动。对此，美国总统哈里·杜鲁门（Harry Truman）于当年 3 月单独召见苏联驻美大使安德烈·葛罗米柯（Andrei Gromyko），并发出最后通牒：如果苏军不在 48 小时内从伊朗北部撤走，美国将使用原子弹。当时美国垄断着核武器，苏联只得在美国限定的时间内撤军。这是美国对苏联的第一次核威胁，并获得成功。

此事之后，美国更加坚信原子弹是在战争中制胜的绝对法宝，因而力图保持对核武器的垄断地位，投入大量人力和物力加紧研制更加先进的原子武器。

（三）美苏的核竞争

苏联迅速从第二次世界大战的严重战争创伤中走出来，投入大量资源研制核武器，并于 1949 年 8 月 29 日成功地爆炸了原子弹，核爆炸当量为 2.2 万吨。

美国的核垄断被打破后，美国原子能委员会（United States Atomic Energy Commission，USAEC）的一些军方代表提出要加速研制"超级"原子弹——氢弹。1952 年 11 月 1 日，美国首次在太平洋的比基尼岛（Bikini Island）环礁上进行了氢弹原理试验，氢弹爆炸后在海底形成了一个约 2000 米宽、50 米深的巨坑，升腾而起的蘑菇云的圆顶直径约为 6500 米。此次核爆炸当量为 300 万吨，相当于日本广岛核爆炸威力的 200 倍，"比 1000 个太阳还亮"。此次试验的氢弹重 65 吨，体积比卡车还要大，当时没有任何飞机能够运载它，故实战意义不大。

正当美国努力实现氢弹小型化之际，1953 年 8 月 12 日，苏联爆炸了第一枚氢弹，爆炸当量约 40 万吨。更令美国震惊的是，这枚氢弹是空投的，这意味着苏联的此次氢弹爆炸已达到实战要求。受到刺激的美国政府加紧研制投入，经过几个月的努力，1954 年初美国研制成功第一颗可空投氢弹。

20 世纪 50 年代末，美国研制出了爆炸当量达 2500 万吨的氢弹。1961 年苏联用飞机空投的方式在新地岛（Novaya Zemlya）爆炸了有史以来威力最大的炸弹，这枚氢弹的当量号称 5000 万吨，它在 4500 米高空爆炸，试验区内 3 米多厚的冰层被融化了，4000 千米内的飞机、导弹、雷达和通信等设备全部受到不同程度的影响。苏军的整个通信、指挥系统瘫痪了一个多小时，就连驻扎在阿拉斯加（Alaska）和格陵兰岛（Greenland）上的北美防空司令部（North American Aerospace Defense Command，NORAD）的电子系统也大都受损，雷达无法工作，通信中断。

此次试验后，美苏双方都意识到制造威力更大的核弹既缺乏投送工具，自己也难免被波及。

三、确保相互摧毁：战略核导弹竞赛

第二次世界大战催生了弹道导弹和原子弹，美苏冷战则使两者结合成为核导弹，核威胁的阴影从此一直笼罩在人类头顶。

第二次世界大战期间，美国尝尽了战略轰炸机带来的甜头，于是战后继续大力发展战略空军，运载核武器的任务主要由战略轰炸机承担，新开发了"B-47"中型喷气轰炸机和"B-52"重型轰炸机，战略轰炸机的数量从 1946 年的 148 架增加到 1955 年的 1500 多架。借此，美国经常在苏联领空长驱直入，例如 1954 年 4 月 29 日，美国利用"B-47"轰炸机带着原子弹从波罗的海（Baltic Sea）侵入苏联，沿着诺夫哥罗德（Новгород）—斯摩棱斯克（Смоленск）—基辅（Киев）一线，深入苏联境内近千千米，当时苏联的高炮、歼击机和防空导弹对它都束手无策，战略上承受着巨大的压力。为了加强自身的防空力量，解决战略核武器的投放问题，苏联除了积极研制远程战略轰炸机之外，还大力发展弹道导弹技术。

> 20 世纪 50 年代，战略轰炸机技术落后于防空导弹和雷达技术，用其作为投送核弹的武器，突防和生存能力都比较差，在当时看来战略轰炸机是要被淘汰的。但 70 年代以后，随着巡航导弹、隐身技术的进步以及国际政治局势的变化，战略轰炸机又成了新兴高技术武器的代表。这说明，当时看起来过时的武器，通过新技术改造，也可能焕发出崭新的生命力。因此，在高科技领域，政策、人才、技术储备和发展的连贯性是十分重要的。

1957 年 8 月 26 日，塔斯社宣布苏联发射洲际弹道导弹试验成功。同年 10 月 4 日，苏联将"SS-6"导弹的弹头换装成卫星，成功地将世界上第一颗人造地球卫星——"斯普特尼克一号"（Sputnik-1）送入太空。获悉该消息的美国于几周后匆忙发射自己的"先锋号"（Vanguard）火箭，但以原地爆炸而告终。第一次航天发射的失败，引起了美国朝野的极大震惊，让美国意识到美苏之间存在"导弹差距"。

1959年，苏联又率先部署了世界上第一枚洲际弹道导弹"P-7"（英文名称：R-7，北约代号：SS-6，绰号："警棍"[①]），其射程达到8000千米，可以从苏联的发射基地出发覆盖美国的东海岸，美国本土被直接置于苏联的核攻击威胁之下。同年7月，美国也宣布第一枚实用型洲际弹道导弹"宇宙神"（Atlas）D型试射成功，射程达9660千米，并于9月装备部队，随后又成功研制了使用固体燃料的"大力神Ⅰ"（TitanⅠ）洲际弹道导弹。这两种型号的导弹是美国第一代陆基洲际弹道导弹。1962年，美国开始部署使用固体燃料的"民兵Ⅰ"（MinutemanⅠ）洲际弹道导弹，这是美国第二代陆基洲际弹道导弹。该型导弹的命中精度为1600米，弹头爆炸当量为100万吨，从地下发射井中发射。由于采用的是固体燃料发动机，导弹的发射准备时间大大降低，苏联则到1968年才开始部署使用固体推进剂的洲际弹道导弹"RS-12"（英文名称：RS-12，北约代号：SS-13，绰号："野人"）。

1960年，美国把"北极星A-1"（Polaris A-1）潜射弹道导弹部署到第一艘核动力潜艇"鹦鹉螺"号（Nautilus）上。至此，美国不仅消除了美苏之间的"导弹差距"，而且在发展潜射弹道导弹方

---

① 为便于内部沟通，北大西洋公约组织（简称北约）对各国武器装备进行统一命名，导致苏联（俄罗斯）、中国的一些武器装备的本名反倒无人知晓，如海湾战争中使用的苏联著名弹道导弹"飞毛腿"的真实型号为"R-11"战术弹道导弹。北约对敌对方或潜在对手的武器进行命名时，通常采用带有弱化、丑化的词汇来贬低对手武器装备的性能，如将"米格-21"战斗机叫作"鱼窝"（Fishbed）。

面处于领先地位。一年后的 1961 年，苏联的战略潜射中程弹道导弹"P-13"（英文名称：R-13，北约代号：SS-N-4，绰号："衬衣"）装备部队。为了提高弹道导弹的威力、突防能力和生存能力，美苏争相发展和部署了多弹头弹道导弹、公路机动发射弹道导弹和潜射弹道导弹。

20 世纪 60 年代末 70 年代初，美苏两国所拥有的战略核武器已具备摧毁对方的能力。例如，在弹道导弹总数方面，苏联有 2619 枚，美国有 1989 枚；在核弹头总当量方面，苏联为 64.6 亿吨，美国为 35.6 亿吨。核武器的破坏程度已经发展到了"顶点"，美苏双方都可造出亿吨级的氢弹，只是苦于其破坏半径过大，使用起来往往会导致"杀敌一万，自损三千"。洲际弹道导弹的最大射程可达 13 000 千米，可将核弹头发射到地球上的任何一个角落，并且可以实施精准打击，命中精度最高可达 120 米，其破坏作用已无任何"边界"可言。一旦美苏双方掀起爆炸威力达几十亿吨的大规模核战争，人类将会被彻底毁灭。

美苏两个超级大国核军备竞赛的结果是谁也无法取得足以压倒对方的绝对优势，谁手中的核武器都具有将对方摧毁的能力，但也都害怕对方把自己摧毁，核武器成了它们的威慑工具，形势紧张时总要拿出来吓唬人。20 世纪 60 年代，美国国防部部长罗伯特·麦克纳马拉曾经声称，只要有 400～600 枚热核弹头，就足以把 50%～75% 的苏联工业生产能力毁掉。尼基塔·谢尔盖耶维奇·赫鲁晓夫曾经更夸张地说，一按电钮就可以把地球毁掉。尽管美苏两个超级大国拥有极其多的核弹头，爆炸的总当量超过 100 亿吨，的确可以毁灭几个地球，但是在两国核力量处于均势的情况下，双方陷入了核僵局。整个世界在这种核僵局下维持着和平，甚至可以说世界人民如同坐在核武器库上生活。

四、恐怖的平衡：导弹与反导弹

第二次世界大战结束时，美国从缴获的文件中获悉了德国计划于 1946 年用弹道导弹攻击美国纽约的消息，加上投放在日本广岛和长崎的两颗原子弹的巨大威力让人意识到核导弹的恐怖，很早也很自然地引起了一个问题：有没有能有效防御原子弹袭击的手段？

当时流行的一种看法是：最后总会发现对付原子弹的武器。美国总统杜鲁门 1945 年 10 月 23 日对国会说：每一种新式武器都一样，最后总有对付它的办法。但科学界认为，不存在对付原子弹的有效办法。

于是，科学家将目光转移到对弹道导弹防御的研究上来。但 20 世纪 50 年代中期以前，各国的科学家和工程师大都认为，携带原子弹的弹道导弹飞行速度太快，没有哪种武器能够防得住它。到了 50 年代后期，这种看法才开始慢慢有所改变。在当时的技术条件下，没有比弹道导弹更快的武器，用导弹打导弹就成了唯一的选择。

第二章

弹道导弹与反导武器：矛与盾的攻防博弈

美、苏（俄）在争相发展数量众多、威力巨大、发射方式多样的核导弹的同时，逐渐意识到既有强大的进攻性武器又有坚强的防御才具有更高的安全系数，因此美、苏（俄）两国开始竞相发展反导武器（用于探测、拦截并摧毁高速飞行的敌方弹道导弹，使弹头失去进攻能力的武器系统）。

弹道导弹与反导武器系统作为进攻和防守的双方，为了取得对抗优势，不断需要采用新技术提高突防和拦截能力，矛与盾的攻防博弈从洲际弹道导弹诞生开始并一直持续到现在。

一、同归于尽：以核制核

（一）初始阶段的对抗

苏联于 1957 年成功试射了洲际弹道导弹"P-7"，具备了攻击美国本土的远程核打击能力。这促使美国加紧洲际弹道导弹的研制步伐，1957 年首次发射，并于 1959 年装备了"宇宙神"洲际弹道导弹。这些洲际弹道导弹的射程都超过了 5500 千米，这意味着美苏双方的洲际弹道导弹都能轻松将核弹头发射到对方领土上，对双方的国家安全构成致命威胁。虽然这时候的弹道导弹一般在地面储存和发射，采用低温液体推进剂，携带单弹头，命中精度较低且没有突防措施，但为保护本国不被洲际弹道导弹攻击，美苏两国几乎同时开展了反导武器的研发。

美苏两国的反导武器的技术性能和研制进程大体上差不多，有的技术性能比较先进，有的发展时间较早，双方你追我赶，互不相让，都想在发展反导技术方面跑到前面，压倒对方，但是谁也没有取得绝对优势。

1. 苏联的反导武器系统

苏联从 1950 年起开始研制战略弹道导弹，到 50 年代中期着手进行反导技术的研究。

1953 年，瓦西里·丹尼洛维奇·索科洛夫斯基（Vasily Danilovich Sokolovsky）等 7 名苏联元帅联名给苏共中央写信，建议尽快建设苏联的反导武器系统。苏共中央对此高度重视，经充分论证后于 1956 年正式下达《关于建设反导系统能力的命令》（苏共中央和苏联部长会议 1956 年 2 月 3 日联席会议颁布的第 170-171 号命令）、《关于研究拦截远程导弹方法的命令》（苏联部长会议 1956 年 8 月 18 日颁布的第 1160-596 号命令），并指定在防空建设方面拥有丰富经验的第 1 设计局为研制机构。

苏联第 1 设计局于 1955 年组建了一个专门开展反导技术研究工作的新部门——第 30 试验设计局（后来成为独立的无线电仪器制造科学研究所），并于 1956 年开始开展反导武器系统——"A"系统的研制工作。当时年仅 36 岁的第 31 无线电技术处处长、科学技术博士格里戈利·瓦西里耶维奇·基苏尼科上校被任命为"A"系统的首席设计师。在基苏尼科的带领下，经过几年的努力，1961 年 3 月 4 日，在"C-200"地空导弹系统（北约代号："萨姆-5"）的基础上改进的"A"系统取得首次试验的成功。试验中，"A"系统的"多瑙河-2"雷达在距离靶弹落地点 975 千米远（靶弹已飞行 1500 千米）、460 千米高处发现靶弹，并用"V-1000"拦截弹在 25 千米的高空以破片杀伤方式成功摧毁靶弹。这是世界上首次进行的反导试验。同年 10 月，苏联国防部部长马利诺夫斯基宣布："摧毁飞行中的导弹的问题已经成功解决。"当然，实际上还差得远。

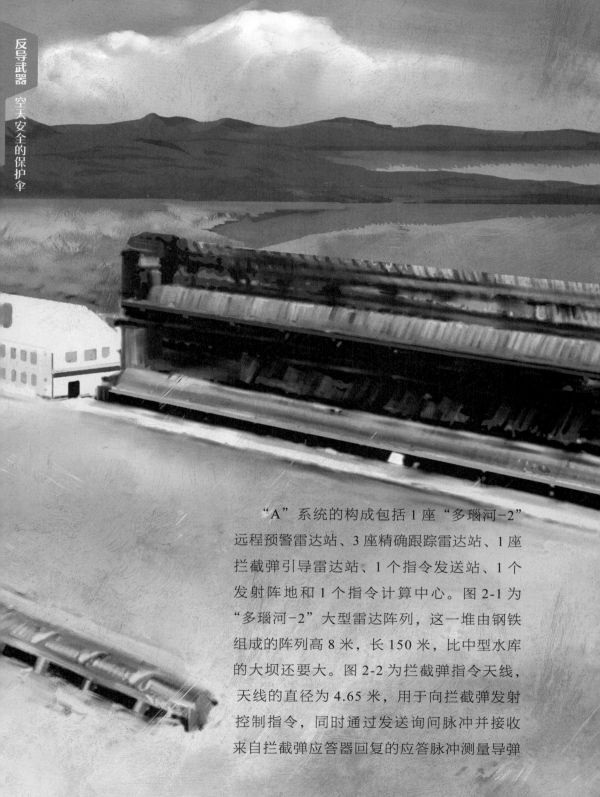

　　"A"系统的构成包括1座"多瑙河-2"
远程预警雷达站、3座精确跟踪雷达站、1座
拦截弹引导雷达站、1个指令发送站、1个
发射阵地和1个指令计算中心。图2-1为
"多瑙河-2"大型雷达阵列，这一堆由钢铁
组成的阵列高8米，长150米，比中型水库
的大坝还要大。图2-2为拦截弹指令天线，
天线的直径为4.65米，用于向拦截弹发射
控制指令，同时通过发送询问脉冲并接收
来自拦截弹应答器回复的应答脉冲测量导弹

图 2-1 "多瑙河-2"大型雷达阵列

图 2-2　拦截导弹指令天线

的位置，其可移动部分的重量为 8 吨。图 2-3 为 "A" 系统部署阵地图。"V-1000" 拦截弹（图 2-4）的射程为 55 千米，平均速度为 1000 米 / 秒，并能在 22 ～ 28 千米的高空实施机动，弹头毁伤半径达 75 米。该拦截弹的破片杀伤战斗部为 16 000 个钢珠，弹头爆炸后，钢珠向四周高速散射，击穿来袭弹头。"多瑙河 -2" 远程预警雷达的探测距离为 1200 千米，探测距离误差为 1 千米，角度误差为 0.5°。

20 世纪 50 年代后期，美国启动 "大力神 Ⅱ" "民兵 Ⅱ" 等单弹头洲际弹道导弹的研制工作，由于洲际弹道导弹的飞行速度超过了 6000 米 / 秒，比中程弹道导弹的 3000 ～ 5000 米 / 秒高了许多，采用破片杀伤的 "A" 系统难以对其实施有效拦截。因此，苏联于 1958 年 4 月 8 日下达了研制 "A-35" 系统的命令，并指定由基苏尼科继续担任总设计师。苏联高层明确指出，"A-35" 系统的主要任

图 2-3 "A" 系统部署阵地图（两个扇形发射阵地上的是两部导弹发射器）

务是保护莫斯科免遭美国多批洲际弹道导弹的攻击。

"A-35" 系统的构成包括多部远程预警雷达、1 部目标搜索雷达、1 个指令计算中心以及多个拦截弹发射阵地。每个发射阵地部署 1 部目标跟踪雷达、2 部导弹制导雷达、8 部拦截弹发射器、携带核弹头的 "A-350" 拦截弹（图 2-5，北约称之为 "橡皮套鞋"）以及数据传输系统。"A-35" 系统于 1962 年通过方案论证，在 1962 ~ 1965 年进行了多次成功试验，于 1965 年开始列装。

"A-350" 拦截弹靠核爆炸时产生的 X 射线、中子流、光辐射及冲击波破坏和摧毁来袭弹头。拦截弹在 100 千米高空爆炸时，杀伤半径为 9000 ~ 11 000 米；在 80 千米高空爆炸时，杀伤半径为 6600 ~ 8500 米。

预警雷达采用相控阵体制和脉冲压缩技术，通过改变脉冲宽度调整不同作用距离上的分辨率。这种雷达天线阵面长 300 米、高 20

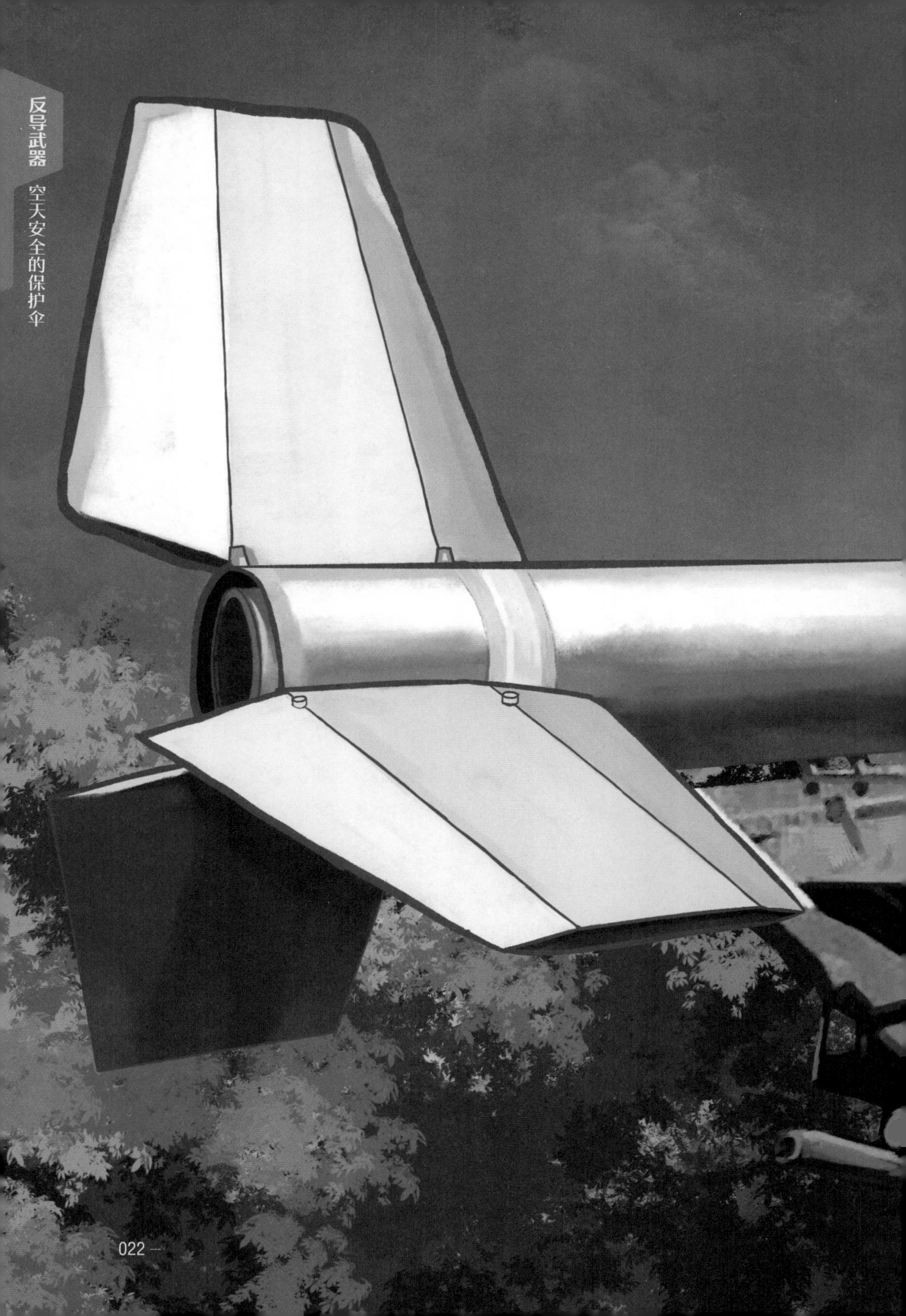

图 2-4 安装在发射架上的"V-1000"拦截弹

反导武器　空天安全的保护伞

图 2-5　带有核弹头的"A-350"拦截弹

米，作用距离达 6000 千米，它们设在苏联国境线附近，如伊尔库茨克（Иркутск）、巴伦支海（Barents Sea）沿岸、波罗的海基地、萨雷沙甘（Sary Shagan）反导靶场等，用于早期预警。

目标搜索雷达用于对预警系统发现与识别的目标进行跟踪、测量飞行轨迹、预报落点，并对拦截武器系统实施火力分配，其探测距离为 2800 ～ 3000 千米。

部署于导弹阵地的目标跟踪雷达和拦截弹制导雷达用于对来袭目标进行最后的跟踪与识别，并引导拦截弹摧毁来袭目标。

为了重点保卫首都莫斯科，苏联自 1965 年开始在莫斯科周围部署"A-35"系统，1977 年正式装备部队。"A-35"系统是当时世界上最先进、唯一实际部署的反导系统，其指挥控制系统的自动化水平也是世界领先的。

2. 美国的反导武器系统

1957 年，美国开始在"奈基-埃杰克斯"（Nike-Ajax）地空导弹的基础上研发"奈基-宙斯"（Nike-Zeus）系统，其主要任务是负责拦截再入大气层内的洲际弹道导弹弹头，这是美国反导武器系统的雏形，主要用于大城市防御。

"奈基-宙斯"系统包括 7 个部分：远程预警雷达、目标搜索雷达（作用距离约 1600 千米）、目标识别雷达（作用距离约 960 千米）、目标跟踪雷达（作用距离约 320 千米）、拦截弹制导雷达（作用距离约 320 千米）、数据处理设备及系统指挥控制中心（可同时引导 3 枚拦截弹拦截来袭目标）、带有 100 万吨当量核弹头的"奈基-宙斯"拦截弹（图 2-6）。拦截弹的最大射程为 400 千米，拦截高度达 200 千米。由于不惜耗费巨资，工作进展极其顺利，1962 ～ 1963 年，美国进行了多次"奈克-宙斯"导弹飞行试验，

图 2-6 "奈基-宙斯"拦截弹

第二章 弹道导弹与反导武器·矛与盾的攻防博弈

在太平洋上空成功实现了对"宇宙神"和"大力神Ⅰ"洲际弹道导弹的拦截。

"奈基-宙斯"系统的作战过程如下：当远程预警雷达发现敌方弹道导弹发射升空后，目标搜索雷达开始捕捉目标，并将目标信息经数据处理设备初步处理后传送到系统指挥控制中心，指挥控制中心则自动控制目标识别雷达工作。当识别出来袭目标确为真弹头时，目标跟踪雷达自动接替工作并连续跟踪目标。与此同时，数据处理设备根据跟踪信息计算来袭弹头的弹道参数，确定拦截点及拦截弹的发射时间，指挥控制中心则适时发出拦截弹发射命令。拦截弹发射后，靠制导雷达对拦截弹进行跟踪，并将其数据连续发送回地面指挥控制中心。地面指挥控制中心则综合来袭弹道导弹和拦截弹的飞行参数，及时发出修正拦截弹飞行弹道的指令，引导拦截弹飞向拦截点。当来袭的弹头进入拦截弹核弹头有效毁伤范围内时，指挥控制中心便发出指令引爆拦截弹核弹头以摧毁来袭的弹道导弹。

导弹弹道

导弹弹道就是导弹运动的轨迹，它相对目标的偏差大小就是脱靶量。

此阶段的反导武器系统一开始均是在防空导弹武器系统的基础上发展起来的，拦截精度不高，为了提高拦截高速运动的弹道导弹的成功率，最后都采用了以核爆炸的方式来摧毁目标。由于采用的是机械扫描雷达，动作缓慢，另外计算机的容量有限，因而不具备对付多弹头来袭的能力。当时对 X 射线如何在大气层外杀伤弹道导弹弹头的机理没有研究清楚，拦截弹的核弹头威力较小，不具备拦截高空目标的能力，而且系统非常庞大，操作复杂，价格昂贵。

（二）多弹头突防与二次拦截

为对抗反导武器系统，弹道导弹的设计者开始寻求提高弹头反拦截的方法，弹道导弹突防技术应运而生。第一代反导武器系统出现后，美苏两国在弹头上借鉴并改进了飞机使用的电子干扰技术。比如有源干扰技术，即通过发出电磁波干扰、压制反导系统雷达；无源干扰技术，即利用推进剂储箱碎片、金属箔条、气球等反射雷达电磁波来产生虚假目标信号，这些轻诱饵由于简单可靠、成本低廉而被广泛使用。

由于大气层对诱饵具有很强的过滤效应，因此绝大部分比弹头轻的诱饵在进入大气层时都将落在真弹头的后面。研究发现，只有当诱饵的重量与空气阻力的比值和真弹头的相近时才有相似的飞行特性，为了增强诱饵的欺骗效应，就需要提高诱饵的重量。但与其装一个与真弹头重量相差不多的诱饵，还不如换成真弹头，这样不仅可大幅提高突防能力，还能增大对同一个目标区的毁伤效能。由此，多弹头突防技术诞生。

面对诱饵和多弹头，第一代反导武器系统的致命弱点——不能识别真假目标——就彻底暴露出来。此外，其他技术缺陷（如系统同时跟踪的目标数量有限、雷达抗干扰能力差、拦截效率和系统自身抗核袭击的能力低等）也暴露无遗。为此，美苏两国都开始着手研究第二代反导武器系统。

新的反导武器系统都具有高空和低空两种拦截导弹，在高空拦截没有成功时，还可以进行低空拦截。同时，由于大气层过滤掉了轻诱饵，减轻了目标识别和跟踪负担，对弹道导弹的拦截成功率得以大大提高。为了提高目标跟踪速度，简化系统组成，新一代反导武器系统采用多功能相控阵雷达，解决了多目标跟踪问题。利用电子计算机进行自动数据处理，提高了系统的反应速度，增强了识别和同时拦截多个目标的能力。

1. 苏联的反导武器系统

以前，由于美国洲际弹道导弹数量很少，"A-35"系统还能勉强应付。但到了20世纪70年代，美国洲际弹道导弹有了大规模的发展，估计至少有60枚100万吨当量的弹道导弹瞄准莫斯科，是"A-35"系统拦截能力的10倍。随着多弹头的出现，威胁又提高了一个数量级。对此，苏联决定将"A-35"系统升级为"A-35M"系统（图2-7），但升级后的系统拦截多弹头弹道导弹的效果低于预期，于是苏联开始了第二代反导拦截系统——"A-135"系统的研制。

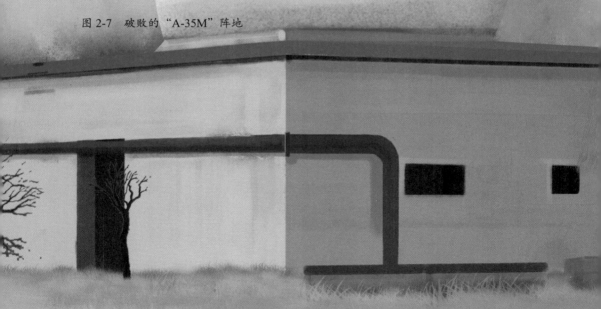

图 2-7　破败的"A-35M"阵地

　　"A-135"系统是苏联研制的第二代莫斯科防区
反导武器系统，由多功能作战雷达站、指挥计算中
心、地下井发射装置、拦截弹与数据传输通信系
统组成。该系统的预警信息由预警卫星和位于
苏联边境的地基相控阵远程预警雷达提供。多
功能作战雷达站整合了目标搜索雷达、目标
跟踪雷达和拦截弹制导雷达的功能，具有
在大气层内外发现、跟踪、测量、识别
目标并预测多个目标轨迹的能力，它与
指挥计算中心一起可完成对最多 36
枚拦截弹的跟踪和制导。

　　"A-135"系统采用高空和低空两层拦截的方式，有两种不同射程的拦截弹，一种是射程为 360 千米的 51T6 拦截弹，另一种是射程为 100 千米的 53T6 拦截弹。这两种拦截弹平时存储于运输发射筒内，使用时则吊装到发射井（图 2-8）内。发射前，指挥计算中心向拦截弹装订大概的发射参数，由于拦截弹所携带的 1 万吨当量级核弹头在脱靶距离内有足够的杀伤力，因此它不采用精确跟踪，在飞行到拦截区域后进行自爆，以此来摧毁来袭导弹。

　　虽然苏联从 1971 年就开始研制"A-135"系统，1987 年初步完成建设，1989 年完成国家靶场试验，但受政局的影响，到 1991 年 12 月，"A-135"系统尚未具备全部的作战能力。1999 年后，53T6 拦截弹弹头被拆除，改装常规定向战斗部。

图 2-8　"A-135"导弹发射井

2. 美国的反导武器系统

由于多弹头技术的出现，美国在研制反导武器系统时必须考虑如何对付伴有各种假目标的多弹头。1963 年，美国陆军提出了"奈基-X"（Nike-X）反导方案，并为"奈基-X"反导武器系统研制了一种新式雷达。该雷达能够同时跟踪一大批目标和引导拦截弹击中目标，设计师摒弃了笨重高大的旋转天线，代之以固定的相控阵天线，通过改变传送到天线阵的信号相位差控制无线电波束的指向。

这种天线安装在坚固的钢筋混凝土结构上，从而大大提高了抵御核爆炸冲击波的能力。微电子学领域取得的重大成就促使大存储容量的高速计算机问世，这种计算机能有效解决目标探测、目标分配和拦截弹制导等难题，并能在一定程度上解决目标识别问题。

拦截弹制导

测量和计算拦截弹与目标的相对位置，以预先确定的方法控制拦截弹飞向目标。

"奈基-X"系统由配有多用途相控阵雷达和计算综合系统的指挥中心，以及配有"斯巴坦"（Spartan）和"斯普林特"（Sprint）两种类型的拦截弹组成。"奈基-X"拦截弹携带的弹头也是核弹头。

"斯巴坦"拦截弹（图 2-9）是一种远程拦截导弹，全长 16.8 米，直径 1.1 米，最大射程 960 千米，作战高度 560 千米，核弹头威力为 200 万吨 TNT 当量，杀伤半径达 8 千米，防御范围长约 1500 千米、宽约 100 千米。采用地下井发射，主要靠核爆炸产生的 X 射线破坏来袭弹头。由于核爆炸作用范围较大，因此无须直接命中目标，只要在其 X 射线作用范围内就可摧毁来袭导弹。

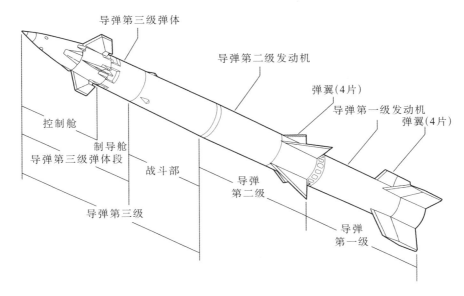

导弹第三级弹体

导弹第二级发动机

弹翼(4片)

导弹第一级发动机

弹翼(4片)

控制舱

制导舱

导弹第三级弹体段

战斗部

导弹第三级

导弹第二级

导弹第一级

图 2-9 "斯巴坦"拦截弹的结构

  如果有来袭的弹道导弹突破了"斯巴坦"拦截弹的拦截，那么就用"斯普林特"拦截弹（图 2-10）进行再次拦截。"斯普林特"拦截弹的最大射程为 48 千米，作战高度 30 千米，核弹头威力为 1000 吨 TNT 当量，最大速度达 12 倍声速，能在 10 秒钟内完成对目标的拦截。由于是在大气层内对来袭导弹进行拦截，大气层对 X 射线的衰减很大，因此"斯普林特"拦截弹主要靠携带的核弹头爆炸产生的中子流和 γ 射线来破坏来袭导弹。

  与"奈基-宙斯"系统相比，"奈基-X"系统的性能有两大提高：一是整个系统可实施双层拦截，能扩大保护范围和初步解决真假弹头识别问题；二是采用相控阵雷达，提高了数据处理能力，可对付多个目标。

  1964 年，中国依靠自己的力量首次发射"东风-2"（DF-2）弹

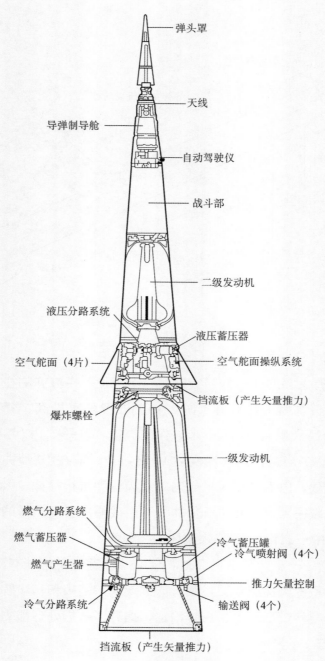

弹头罩

天线

导弹制导舱

自动驾驶仪

战斗部

二级发动机

液压分路系统

液压蓄压器

空气舵面（4片）

空气舵面操纵系统

挡流板（产生矢量推力）

爆炸螺栓

一级发动机

燃气分路系统

燃气蓄压器

冷气蓄压罐

冷气喷射阀（4个）

燃气产生器

推力矢量控制

冷气分路系统

输送阀（4个）

挡流板（产生矢量推力）

图 2-10 "斯普林特"拦截弹的结构

道导弹，1965 年 5 月 14 日成功进行原子弹空爆，1966 年 10 月 27 日又用国产中程弹道导弹携带核弹头发射试验成功。1967 年，美国总统林登·贝恩斯·约翰逊（Lyndon Baines Johnson）针对中国的核导弹，下令建立有限的区域防御系统以保护美国的城市，将"奈基-X"系统改名为"哨兵"（Sentinel），计划建立 17 个发射基地，主要建在面对中国的西海岸。

就在美国积极研究"哨兵"系统时，苏联又抢先了一步，在莫斯科周围开始部署"A-35"系统。看到苏联已经建起了第一个反导武器系统，美国大受震撼。1967 年 6 月，美苏首脑会晤时，美国总统约翰逊试图说服苏联放弃部署反导武器系统，但遭拒绝。受到美国国内政治压力的约翰逊下令美国加速研制"哨兵"系统，用以保护美国的主要城市免受袭击。

"哨兵"系统有一个距离拦截阵地很远的预警系统，由横跨美国北部和阿拉斯加的许多环形搜索雷达组成。除此之外，还在美国大陆、阿拉斯加和夏威夷等地设置 13 部导弹发射场雷达。拦截导弹仍然是"斯巴坦"和"斯普林特"。

20 世纪 60 年代末，苏联战略武器的发展进程加快，获悉苏联开始研制分导式多弹头导弹与潜射弹道导弹后，美国的核武器战略思想由"限制损伤"调整为"确保摧毁"，力求保存第二次打击力量。与此相适应的是反导武器系统的保护重点由保护大城市转为以保卫"民兵"洲际弹道导弹基地为主。

到 1969 年，"哨兵"系统耗资超过了 50 亿美元，而当时的美国深陷越南战争的泥潭，面对国内的批评和指责，时任总统理查德·米尔豪斯·尼克松（Richard Milhous Nixon）暂停了"哨兵"计划并对该反导武器系统进行了审议。1969 年 3 月开始对"哨兵"

系统进行改造升级并将其命名为"卫兵"（Safeguard）系统。"卫兵"系统仍然主要针对苏联的弹道导弹，不过保护的目标由人口密集地区改为"民兵"洲际弹道导弹等美国的战略核武器。

"卫兵"系统的基本组成与"哨兵"系统相同，包括 3 个"斯普林特"导弹发射场，配有 70 枚导弹用于低空近程拦截；1 个"斯巴坦"导弹发射场，配有 30 枚导弹用于高空远程拦截；还有目标搜索雷达、跟踪制导雷达、数据处理系统、指挥控制和通信系统。

目标搜索雷达用于远程警戒、识别和跟踪目标，雷达最大作用距离大于 3200 千米。跟踪制导雷达可对目标进行精密测量和跟踪，并制导"斯巴坦"和"斯普林特"导弹拦截来袭弹道导弹，其作用距离约 1300 千米，能同时跟踪多个目标。数据处理系统用于目标识别、目标弹道数据处理、计算来袭弹道导弹的轨迹和引导拦截导弹命中目标。指挥控制和通信系统的任务是与其他 5 个部分连接起来，将彼此之间的数据、信息资料高速地传递，使各分系统之间保持及时、准确且有效的联系，以实现对整个系统的有效指挥和控制。

1976 年，"卫兵"系统正式投入使用。然而在高昂的使用成本、国内经济危机、国际局势变化等因素的共同作用下，"卫兵"系统的前途日渐黯淡。投入使用仅仅两个月后，一场猛烈的龙卷风袭击北达科他州，发射工位设施和制导计算机被毁，最终"卫兵"系统不得不在服役不到 4 个月后被取消战斗值班。

"卫兵"系统是在"奈基-宙斯""奈基-X""哨兵"等系统基础上发展而来的。与前述几个系统相比，"卫兵"系统的性能有较大改进，但仍存在许多问题，主要表现在以下几个方面。

一是目标识别能力差。来袭导弹在释放弹头的同时，会释放数以万计的铝箔条和镀铝气球等假目标，它们反射的无线电波与弹头反射的无线电波相似，导致雷达难辨真伪。进入大气层后，那些重量轻的假目标虽然会因大气阻力而落在弹头后面，但等到雷达分辨清楚，留给拦截武器系统的反应时间就十分有限了。

二是雷达跟踪和制导能力有限。当来袭导弹使用多弹头分导技术突防时，如一枚"RS-20"弹道导弹（英文名称：R-36M，北约代号：SS-18，绰号："撒旦"）最多可携带10枚弹头，多枚导弹同时来袭就能释放出几十枚弹头。即使没有假目标和诱饵的掩护，当时的雷达和电子计算机也无力同时对付这么多的目标。

三是抗核爆炸效应能力差。核爆炸引起大气电离，易使雷达系统无法正常工作甚至完全瘫痪，拦截弹的核爆炸还可能毁伤己方其他拦截弹。

四是拦截弹的机动飞行能力差，不能有效对付机动来袭弹头。鉴于当时的技术发展水平，"卫兵"系统和苏联早期部署的反导武器系统一样，拦截弹携带的都是核弹头，费用高，效果不如预期。

为此，美国决定暂停发展特定的反导武器系统，而将精力集中于研究先进技术，并开始考虑发展天基反导武器系统。从"奈基-宙斯"到"卫兵"，美国早期的反导武器系统虽然因各种原因纷纷下马，但仍为日后新一代反导技术的发展积累了丰富的经验。

二、"拳击赛"的中场休息：《反导条约》

随着战略弹道导弹突防技术的发展，美苏两国的弹道导弹都装配了分导式多弹头，并发展了机动式弹头。反导武器系统对付的目标日益增多和复杂，作战效能有限，成本昂贵，抗打击能力低。从力不从心的"奈基-宙斯"系统到无疾而终的"卫兵"系统，美国深刻体会到弹道导弹防御的艰难。于是，尼克松政府采取了两方面的措施：一是，对苏联采取缓和态度，首次承认双方的战略打击力量处于平等地位，换取双方都不再增加核导弹数量以减轻经济负担；二是，以条约形式限制双方发展反导武器系统，等于允许核攻击的"矛"存在，却不允许发展"盾"，以这种方式使美苏两国都不敢轻易实施核打击。除美苏两国之外，受限于财力和技术水平，当时其他国家还都不具备发展反导武器系统的条件。

由于都有缓解因核导弹竞赛而导致的沉重经济负担的意愿，美苏两国于1969年10月25日宣布达成限制战略武器的共识，此后便开始了马拉松式的谈判。谈判中的一个重要分歧是如何处理反导武器系统。由于同"确保摧毁"的美国核战略有所抵触，它将削弱以进攻性武器为中心建立起来的核遏制力量，所以在谈判中美国要求禁止双方部署反导武器系统。苏联在1964年就拥有了反导武器系统，因而拒绝美国提出的方案，力图单方面禁止美国部署。最后达成协议：双方都可以最多在两地部署反导武器系统。

经过30个月的讨价还价，美苏双方终于拟定了《限制反弹道导弹系统条约》草案和《关于限制进攻性战略武器的某些措施的临时协定》草案，提交美苏首脑审定。

20世纪60年代，由于美国和苏联都有了可靠的第二次核打击能力，双方出现了一种"相互威慑"的"恐怖平衡"。美国认为只要保持这种平衡，就可使双方都不敢轻易发动核战争。为此，美国国防部部长罗伯特·麦克纳马拉于1964年提出了"确保摧毁"核战略。主张侧重打击城市目标，即在实施报复性打击中，摧毁对方的全部城市，以此相威胁，使苏联不敢对美国发动核袭击。他认为，美国只要拥有在第二次打击时摧毁苏联

20% ～ 25% 的人口和 50% 的工业生产能力的核力量，即可达到"确保摧毁"的要求。对此，美国加强了"三位一体"进攻性战略核力量的建设，大力发展陆基洲际导弹、潜射战略导弹和新型战略轰炸机。"确保摧毁"核战略，不仅对美国 20 世纪 60 年代的军事战略制定产生了很大的影响，而且一直是冷战结束之前美国核战略理论的重要内容之一。

1972 年 5 月，尼克松访问莫斯科与列昂尼德·伊里奇·勃列日涅夫（Leonid Ilyich Brezhnev）会谈，最后双方在克里姆林宫签署了《限制反弹道导弹系统条约》（简称《反导条约》）。该条约规定，美苏两国只可部署两处反导武器系统，一处用于保卫国家首都，另一处用来保卫洲际弹道导弹发射场，每个反导武器系统的拦截导弹数量均不得超过 100 枚。《反导条约》还规定了反导预警雷达的数量，并规定禁止研制、试验或在海洋、空中、太空及地面部署可以机动的反导武器系统。

《反导条约》中的约定意味着，美国和苏联都只能保留数量相当的"能打人的家伙"，却不许有"防身的东西"。谁敢发动核攻击，就等于同归于尽。这个条约显然是美国和苏联在大力发展进攻性核武器时达成的一项"交易"，既照顾了双方已拥有反导武器系统的既成事实，又可以使他们腾出手来集中力量发展进攻性导弹核武器。

三、假亦真来真亦假：全程突防与全程拦截

（一）"星球大战"计划：天地协同拦截

弹道导弹以往的突防措施都是在末段，随着反导武器系统技术

的提升，为了减少被拦截的可能性，开始在从发射到毁伤目标的全过程中都采取突防措施，"全程突防"概念应运而生。

20世纪80年代，美国率先掌握红外、雷达、外形隐身技术，并将其应用于导弹弹头上。包括材料涂层、球形隐身罩等雷达隐身技术，灰体涂层、冷屏技术、太空伞等红外隐身技术，用于降低弹道导弹弹头中段飞行的信号特征，以及改变弹道导弹助推段尾焰特征信号技术、末段诱饵尾迹增强技术等。此外，在这一时期，大功率固态器件和功率合成技术的发展，为研制大功率干扰机提供了可能，电子干扰技术开始迅速发展。尤其是利用火箭发动机重复启动等技术实现多弹头分导，将分导技术与末制导技术结合形成弹头再入机动变轨技术，使得饱和攻击成为现实。

同时，美国在航天发射、大规模集成电路、激光器技术方面取得巨大进步，被誉为"氢弹之父"的爱德华·泰勒（Edward Teller）曾向时任美国总统罗纳德·威尔逊·里根（Ronald Wilson Reagan）报告：利用核爆炸产生的X射线激光可以像外科手术刀一样摘除苏联的"万发齐射"的洲际弹道导弹，从而"使苏联的核武器变成无效或过时的东西"。在这种氛围下，美国国家安全顾问丹尼尔·格雷厄姆（Daniel Graham）将军于1982年抛出"高边疆"战略，提出建立一种全新的战略防御体系，即以"确保生存"取代"确保摧毁"，利用战略防御加强自身安全。"高边疆"战略的核心，就是通过发展在外层空间运行的反导武器系统，让美国的军事势力向太空发展，并从经济和军事两个角度来开发太空。该计划明确提出："美国必须充分利用当前我们在空间技术上的优势。我们应当在空间设防，以摆脱恐怖均衡等灾难性理论的束缚，应当挫败一切不祥的预言，开拓空间并使之走向工业化。"

　　1983 年 3 月 23 日，美国总统里根向全美发表电视讲话，宣布推行"战略防御倡议"，实行"星球大战"计划（图 2-11），以弹道导弹防御来全面加强美国的战略防御力量。"星球大战"计划的提出，标志着美国军事战略思想的重大改变。苏联也相应调整防御战略，通过实施太空防御计划阻止美国的"战略防御倡议"计划。导弹防御构想发生重大变化，攻防博弈进入新阶段。

　　"星球大战"计划旨在探索非核拦截技术（激光、动能、粒子束等）、先进探测器技术、指挥控制与作战管理技术等，发展一个太空布防、全球保护的多段多层战略防御系统，以阻止苏联大规模洲际弹道导弹对美国的第一次打击。该计划提出，不仅要把反导武器系统部署在地球上，而且需要主要部署在太空，使整个近地空间甚至遥远的太空都布满配备反导武器的战斗轨道站，从而实现对弹道导弹从发射到命中目标的所有阶段都可以进行拦截并将其摧毁。"星球大战"计划使反导武器系统由单系统拓展为由天基卫星、地面雷达、多类型拦截武器等组成的大系统，防御对象由末段飞行的弹头扩展至助推段的导弹弹体、末助推段的母舱、中段的飞行弹头，防御梯次由单层防御变为多层防御，拦截武器也由单一的核弹头拦截弹发展为动能、激光、粒子束、核弹头拦截弹等多种。

　　美国之所以提出"星球大战"这样一个多层反导体系，主要是基于以下考虑。

　　一是多层反导体系能提高多目标拦截概率。当爆发全面的核战争时，面对大量的来袭目标，即使达到一般的有效拦截概率，单层反导武器系统也会相当复杂，而且当系统过于庞大与复杂时，它自身也极易受到攻击。对多层反导体系来说，要实现同样的有效拦截概率，每层反导武器系统使用的技术无须太复杂，反导武器系统的易损性也会减少。多层反导体系每层采用不同的技术形式设防，这样来袭导弹如果使用单一突防方式就无法在每层防御中同样有效。

二是多层防御在效费比上要比单层防御高。假设一枚导弹有50%的概率不被反导武器系统拦截，那么它能突破三层反导武器系统的概率就只有50%×50%×50%=12.5%，则整个多层反导体系的有效拦截概率为1−12.5%=87.5%。建立这样一个体系比建立一个具

有同样拦截概率的单层反导武器系统在技术上要容易得多，也便宜得多。

　　三是助推段拦截有较多优点。处于助推段的洲际弹道导弹的助推火箭尚未分离，是一个结构脆弱的庞然大物，而且助推火箭产生的强大尾焰，导致其非常容易被探测、捕获和跟踪。在助推段进行拦截，除了可以获得很高的拦截效率外，还可以将核弹头拦截在对方的领土上空，使对方受到来自政治和社会的双重压力。

图 2-11　"星球大战"海报

美国"星球大战"计划所设想的是一个多层次的以助推段防御为重点、以非核拦截为手段的反导防御体系，包含助推段防御、末助推段防御、中段防御和末段防御。

第一层：助推段防御

助推段防御就是在导弹刚起飞不久，火箭发动机尚处于连续工作的飞行阶段进行拦截。助推段防御虽然具有一些有利条件，但也存在一些困难。首先是时间短，只有 3 ～ 5 分钟，而且在刚发射的时候，受云层干扰，一般需要达到一定的高度之后才能对其进行探测和跟踪。其次是距离远，一般都在数千千米之外。这就决定了进行助推段防御所必须采用的监视、跟踪系统和武器系统只能是天基的。

进行助推段监视、探测的设备，首先是能够探测数千千米之外的助推火箭尾焰的天基红外探测系统。虽然助推火箭尾焰长达 50 米，但探测到尾焰并不能使拦截弹准确地命中弹道导弹，因为火箭尾焰的形状随飞行高度和速度变化而变化，而且能用烟幕屏蔽本身的辐射，甚至将助推器包围起来。因此，除了有红外探测系统以外，还必须利用激光雷达进行目标精密跟踪、定位和瞄准。助推段防御最理想的武器系统是定向能武器，即激光武器和高能粒子束武器，因为它们以光速或接近光速的速度传输能量。然而，理想与现实总是有距离的，当时的技术水平还难以实现。因此，最初部署的助推段防御系统使用的武器仍是超高速的化学火箭，即利用火箭加速的超高速动能拦截弹。

第二层：末助推段防御

末助推段防御就是对突破了助推段防御而进入末助推段飞行的导弹所进行的防御，末助推段防御需要拦截的已不是完整的导弹，而是装载弹头、假目标、诱饵和干扰物的弹头母舱。母舱的体积比整个导弹的体积要小得多，末助推器的红外辐射与助推火箭产生的尾焰相比已微弱得多。因此，探测这种微弱的红外辐射需要更灵敏的探测器阵列和更大口径的红外望远镜，而且精密跟踪和识别更加困难。

美国设想的进行末助推段防御的监视与跟踪系统是位于几千千米高轨道的空间监视与跟踪卫星，装有高灵敏度、高分辨率的红外传感器、激光测距仪和成像雷达，它可以探测末助推飞行器，对其进行精密跟踪，而且能引导拦截弹进行拦截。末助推段防御使用的武器基本上和助推段防御使用的相同，最理想的是定向能武器，但在当时只能以高速火箭动能拦截弹为主。

第三层：中段防御

中段防御就是对突破了助推段和末助推段两层防御进入自由飞行段的弹头进行的防御。中段防御的特点是：弹头从母舱被释放出来后伴有大量的假目标、诱饵和干扰物，还有助推器、末助推器自爆后产生的大量碎片，虽然经过助推段和末助推段两层拦截后剩下的真正弹头已经不多，但夹杂在大量的假目标、诱饵和干扰物、碎片之中，增加了监视、跟踪和识别难度。当然，中段防御也有有利的一面，即中段防御有充分的时间，只要能解决目标识别问题，拦截的问题也就比较容易解决。

从大量的假目标中识别真正弹头的最有效方法是中性粒子射线束轰击法，即利用中性粒子射线束系统轰击弹头和假目标，由于只有弹头这样的重目标才能被激励出足够数量的中子或 γ 射线，因此利用中子或 γ 射线探测器就可将真正的弹头从大量的假目标中鉴别出来。但受限于技术条件，中性粒子射线束系统未达到实用的水平。中段拦截采用的武器主要是高速动能拦截弹。

第四层：末段防御

末段防御是"星球大战"多层反导防御系统的最后一层防御，也就是对来袭导弹的弹头突破了前三层防御之后进入了再入段的防御。如果前三层防御系统的每一层的拦截概率都达到了90%，那么，能够进入再入段的弹头已经只剩下千分之一了，加上假目标、诱饵、干扰物之类的轻型目标都已在再入大气层时烧毁，真正的弹头暴露无遗，这就为跟踪目标提供了良好的机会，这是末段防御有利的一面。然而，末段防御时间非常短，要在这么短的时间里进行有效拦截亦非易事。

末段防御采用的监视、探测、跟踪系统，除了地基雷达以外，还可以使用箭载、机载的各种雷达、光学系统；采用的武器主要是超高速火箭动能拦截弹。虽然"星球大战"计划所设想的多层反导防御系统的重点是助推段防御，但末段防御亦具有特殊重要的意义，末段防御特别强调防御效果，因为末段防御失效就再无补救余地了。

　　整个"星球大战"计划分为三个阶段。第一阶段准备部署的系统包括以下 4 个方面。① 10 颗助推段监视与跟踪卫星。在高轨道上部署助推段监视与跟踪卫星，卫星上装有对助推段导弹进行监视和跟踪的红外探测器，通过对导弹尾焰进行观测来探测弹道导弹的发射。②多部战斗管理计算机。这种计算机与探测器平台、武器平台一同部署或单独部署。它通过整合跟踪数据，选择攻击目标，制定拦截策略，指挥反导武器对弹道导弹进行拦截。③ 100 颗低轨天基拦截卫星。拦截卫星部署在几百千米高的轨道上，每颗卫星带有

100 枚小型高速火箭，同时还带有跟踪末助推段飞行器的探测器。低轨天基拦截卫星在接收到拦截指令后发射火箭，对末助推段飞行器或末段再入弹头进行拦截。④ 1000 枚地基末段高层动能拦截弹。拦截弹上配备动能杀伤器，动能杀伤器依靠预警卫星、拦截弹上的红外探测器或者自身的红外导引头，通过直接碰撞的方式拦截再入弹头。

第二阶段准备部署的系统包括以下 6 个方面。① 50 ～ 100 颗空间监视与跟踪卫星。空间监视与跟踪卫星部署在几千千米高的轨道上，卫星上装有高分辨率探测器、激光测距仪和成像雷达，可以实现对目标的精密跟踪、识别，并指挥、引导拦截器对弹道导弹进行拦截。② 10 ～ 100 颗天基中性粒子束探测器和探测卫星。该型卫星主要是对再入弹头和诱饵发射氢原子，弹头会在氢原子束的激励下发射出中子或 γ 射线，探测卫星在探测到中子或 γ 射线时将数据传送给战斗管理计算机，从而实现对真弹头和假目标的鉴别。③ 10 套机载红外预警系统。通过在飞机上搭载红外探测器对再入弹头、假目标、诱饵等进行跟踪与识别，并将信息传送给地面战斗管理计算机，然后发射地基拦截器对目标进行拦截。④ 10 部机动式地基 X 波段成像雷达。在机载红外预警系统的引导下，对再入大气层的弹道导弹弹头进行跟踪。⑤ 1000 个天基拦截器载体。部署在几百千米的轨道上，每个载体带有 10 枚小型火箭，用来拦截助推段导弹、末助推段飞行器以及再入弹头。⑥ 1000 枚末段低层拦截弹。末段低层拦截弹配备红外导引的动能杀伤器，其作用是在大气层内击毁再入弹头。

第三阶段部署 10 个地基激光器、10 个中继反射镜以及 10 ～ 100 个战斗反射镜。每个地基激光器向配置在高轨道上的中继反射镜发射若干束激光，经中继反射镜反射后由配置在低轨道上的战斗反射镜导向目标，用以摧毁助推段导弹和末助推段飞行器。

"星球大战"计划描述的场景固然令人神往，但规模庞大、技术复杂、耗资惊人。实现这一计划要在短短的几年内投入1.8万亿美元，这对于当时年国民收入尚不足6万亿美元、年度国防开支也只有3000多亿美元的美国来说费用实在太高昂了。

冷战结束后，国际局势已经发生重大变化，苏联对美国的核打击威胁已经远不如20世纪六七十年代那么严重。里根的继任者乔治·赫伯特·沃克·布什（George Herbert Walker Bush）根据当时国际局势的变化，将弹道导弹防御计划的重点从针对苏联大规模弹道导弹攻击、保护美国战略核武器转向针对有限的弹道导弹攻击、保护美国及其盟友的人口上来。这项战略防御计划被称为"全球防御有限打击"计划，也被称为"星球大战之子"计划。

"全球防御有限打击"计划准备构建两层拦截系统。第一层部署1000枚天基小型智能化拦截导弹——"智能卵石"（Brilliant Pebbles），一旦地面指挥控制系统接收到预警卫星的预警并确认敌方发动核袭击，就立即向拦截导弹发出拦截命令，它将在弹道导弹上升飞行阶段、在弹头从假目标上分离出来之前就将弹道导弹击中；第二层部署一到两个地基反导武器系统，包括750枚地基拦截弹。地基反导武器系统还包括50套"智能眼"（Brilliant Eyes）探测器和地基雷达等。"智能眼"探测器部署在太空，能够跟踪再入飞行器和诱饵，比它所取代的空间监视与跟踪卫星的探测距离更远，分辨率更高。这种用于战略防御的地基系统后来就逐渐演化成了国家导弹防御系统。

设想中的"智能卵石"是一种拦截助推段或末助推段洲际弹道

导弹的天基动能武器，每颗"智能卵石"都装配有机载探测器、计算和通信单元，它集成了目标探测、跟踪、寻的、拦截等功能，使其对外部探测器和对外通信的依赖性有所降低。

（二）弹道导弹防御系统：地基拦截

随着苏联解体、美俄关系改善，美国对冷战后的国家安全战略重新进行了评估，认为全球大规模冲突和对美国大规模袭击的威胁已经下降，大规模杀伤性武器及其运载工具技术的扩散转而成为美国安全的主要威胁。1993 年 5 月，克林顿（Clinton）政府宣布停止发展天基防御系统，并提出建设"弹道导弹防御系统"，专门负责实施"战略防御计划"的国防部战略防御计划局改名为导弹防御局。

弹道导弹防御系统包括两部分：一是国家导弹防御系统，用于保卫美国本土；二是战区导弹防御系统，主要对付中、短程弹道导弹，用于保卫美国部署在海外的部队及美国的盟友。

弹道导弹有多种分类方法：按照作战任务的不同，可分为战术弹道导弹和战略弹道导弹；按照射程的不同，可分为近程弹道导弹（射程在 1000 千米以下）、中程弹道导弹（射程在 1000 ～ 3000 千米）、远程弹道导弹（射程在 3000 ～ 8000 千米）和洲际弹道导弹（射程在 8000 千米以上）。美国将所有威胁不到美国本土的弹道导弹都归类于战区弹道导弹，将能够打到美国本土的弹道导弹归类于战略弹道导弹。因此，拦截的弹道导弹射程小于 3000 千米的反导武器系统均被列为战区导弹防御系统。

1. 国家导弹防御系统

根据美国的设想，国家导弹防御系统主要用于抵御有可能来自朝鲜、伊朗、伊拉克、利比亚这些国家有限的导弹袭击，以及俄罗斯等国"意外的和未经授权的"导弹攻击。该系统由地基拦截弹和地基雷达以及有关的探测器组成，具体包括以下几部分。

（1）早期预警卫星。美国的早期预警卫星用于探测弹道导弹的发射，并提供导弹发射的大致方位及有限的弹道信息。当时的预警卫星都是使用红外探测器探测处于助推段导弹的热尾焰。导弹助推器熄火、弹头分离后，这些卫星就无法再探测到导弹及弹头。

（2）天基导弹跟踪系统。能精确跟踪飞行中的弹道导弹的卫星系统，每颗卫星都带有多种探测器，包括用于探测或捕获处于助推段弹道导弹的短波红外探测器，以及用于跟踪被探测目标的中长波红外和可见光探测器。这些探测器能够在没有其他探测器支援的情况下对目标进行识别，并对动能拦截器提供制导。

（3）改进型早期预警雷达。美国在全球许多地方部署有早期预警雷达。该雷达的作用是在预警卫星无法再对来袭导弹和飞行中的弹头进行跟踪后，对其进行接力跟踪。受技术限制，这些雷达跟踪目标的精度都不够高，无法引导拦截弹对弹道导弹进行拦截。

（4）X波段雷达。这是专为国家导弹防御系统设计的相控阵X波段雷达，用于目标跟踪和真假目标识别。

（5）战斗管理中心。负责处理各种天基和陆基探测器所获得的信息，包括目标弹道预测、探测器协同管理、拦截弹飞行控制等。

（6）飞行中拦截器通信系统。负责战斗管理中心与飞出视距外的动能拦截器间的通信。

（7）陆基拦截弹。陆基国家导弹防御系统的拦截弹由助推器和安装于助推器顶部的外大气层杀伤器组成。助推器本质上是一种陆基发射的多级导弹，它使杀伤器的初速度可达7000～8000米/秒。

杀伤器能在地球大气层外截击目标，它首先使用红外和可见光探测器自动探测目标，最后使用红外探测器自动跟踪目标。

（8）大气层内-外拦截弹。这是大气层内高空拦截弹的进一步发展。该拦截弹弹头上装有双波段红外导引头，能识别再入大气层的真假目标，还装有姿态控制、横向位置控制、纵向位置控制三种控制发动机。大气层内-外拦截弹有两种作战模式：一种是在大气层外捕获目标，在大气层内拦截；一种是在大气层内捕获目标，在大气层内拦截。它的作战空域由大气层内高空防御拦截弹的几十千米扩大到几百千米，还可拦截潜射弹道导弹。

2. 战区导弹防御系统

之前美国重点关注的是其本土的安全，优先发展的是国家导弹防御系统，对战区导弹防御认识发生转变的真正分水岭是海湾战争。

海湾战争一开始，伊拉克的整个作战体系便在多国部队的空袭中陷入瘫痪，伊拉克唯一的反击手段就是用"飞毛腿"（Scud）及其改进型的"侯赛因"（Al Hussein）战术弹道导弹打击对手纵深目标。战争期间，伊拉克发射了88枚弹道导弹，导致28名美国士兵死亡，炸伤近百人，损伤2架F-15战斗机。这给美军带来了巨大的心理压力，也对美国的反萨达姆同盟政策提出了严重的挑战。为了对付"飞毛腿"，美国从欧洲战区紧急调遣了大批"爱国者"（Patriot Advanced Capability，PAC）防空导弹。当时新闻媒体集中报道了"爱国者"导弹拦截"飞毛腿"导弹的实况，世界各国的普通民众第一次通过电视了解了反导。

战区导弹防御计划用于保护美国海外驻军及盟友免遭敌方弹道导弹的攻击，主要防御目标为中短程的战役战术弹道导弹，主要发展地基和海基的对空导弹拦截系统，包括陆基的"爱国者"、"战区

反导武器

空天安全的保护伞

高空区域防御"系统和海基的"战区导弹防御系统"等，同时进行激光拦截系统的预研。

战区导弹防御系统主要由侦察跟踪系统，C³I［指挥（command）、控制（control）、通信（communication）、情报（intelligence）］中心系统和拦截武器系统三大部分组成。其中，侦察跟踪系统主要采用卫星红外探测并计划研制机载和舰载红外探测装置，用于弹道导弹的预警；C³I系统主要用于协调各个反导分系统，对各项预警及探测数据进行快速融合处理，准确计算来袭导弹的飞行弹道、弹道参数、弹着点、落地时间，以保证瞬间决定使用哪种拦截系统和武器，以及使用多少枚拦截弹去拦截来袭导弹，并将这一指令信息传递给拦截武器系统；拦截武器系统则负责实施拦截，摧毁来袭导弹。

四、"拳击赛"的继续：一体化防御

2001年1月，美国总统乔治·沃克·布什（George Walker Bush）上任。同年9月11日发生恐怖分子劫持客机撞击美国世界贸易中心大楼和国防部五角大楼事件（即"9·11"事件）。2001年12月，布什政府为了摆脱反导武器系统发展的限制、保证美国自身的绝对安全，宣布美国将正式退出《反导条约》，将战区导弹防御系统与国家导弹防御系统合并为导弹防御系统，以保护美国及其盟友免受包括导弹袭击在内的各种形式的恐怖袭击。另外，还提出建设多层次、全方位、覆盖全球的反导体系，研究部署各种地基、海基、空基和天基的全球性导弹防御系统，构建覆盖上升段、中段、末段的反导体系。目标是把多层导弹防御系统作为单一的系统进行管理和作战使用，以拦截不同射程、不同飞行弹道阶段（助推段、中段和末段）的弹道导弹，满足既能保护美国本土，又能保护美国在海

054 -

外驻军和盟友的需要。

具体的做法是：把原来的机载激光系统、天基激光系统和新增加的海基与天基动能拦截弹助推段防御系统，合成一体化导弹防御系统中的助推段防御单元；把原来的国家导弹防御系统改称为地基中段防御系统，把原来的海军全战区防御系统改称为海基中段防御系统，共同作为一体化导弹防御系统中的中段防御单元。原来属于战区导弹防御系统的"爱国者-3"（PAC-3）系统和末段高空区域防御系统（Terminal High Altitude Area Defense，THAAD，又称"萨德"），合成一体化导弹防御系统中的末段防御单元。

为应对特定的弹道导弹威胁，美军分别建立了国家导弹防御系统和战区导弹防御系统，并开发了相互独立的指控系统。这些系统拥有各自专用的预警跟踪、拦截武器和指挥控制系统，彼此之间任务划分明确且相互独立。尽管针对性较强，却也产生了许多问题：一方面，系统间的相互独立导致发展建设的目标和步骤难以统筹与协调，无法灵活适应弹道导弹防御需求的发展和变化；另一方面，系统间的相互独立导致防御资源被分散割裂，难以相互配合形成体系合力，因而极大地降低了弹道导弹防御作战的灵活性、时效性和效费比。

后来，美军不再针对特定的弹道导弹威胁，转而基于既有能力构建一个全球一体化的弹道导弹防御体系。与此同时，提出并开发了一体化的反导指挥控制系统——指挥、控制、战斗管理和通信（command, control, battle management, and communication，C2BMC）系统，将国家导弹防御系统和战区导弹防御系统的资源进行有机集成，使得预警跟踪设备与拦截武器系统的使用更加灵活优化，作战信息的获取更加准确全面，作战指挥与决策的实施更加顺畅高效，反导体系的防御能力得到了成倍拓展。

俄罗斯在继承苏联"A-135"战略反导系统的基础上，针对美国全球化导弹防御系统的快速发展以及新出现的空天威胁，提出空天防御战略构想，从空天一体、全面防御的角度设计新型"A-235"战略反导系统，取代"A-135"系统。反导武器系统发展由此进入全球化、空天化、一体化时代。

五、从理想到实际：导弹拦截试验

2000 年 5 月 11 日，麻省理工学院教授泰奥多尔·波斯托尔写信给白宫办公厅主任约翰·波德斯塔（John Podesta），指出弹道导弹防御办公室在进行反导武器系统拦截试验时，目标发射时间和飞行轨迹参数变化是预先设定好的，这大幅降低了目标跟踪识别的难度，说得严重一点是有意造假。一周后，《纽约时报》（*The New York Times*）披露了这件事，引起了全世界的轰动。针对记者的提问，时任美国导弹防御局局长的罗纳德·卡迪什（Ronald Kadish）解释了人为简化拦截试验难度的原因。

所有的工程技术试验都遵循从易到难的步骤，通常首先做最简单、条件最理想的试验，最后才是做现实环境下的高度复杂的试验。在最后的试验以前，都会严格设定试验条件，以便检验一个或少数几个部件或技术的性能。这也是伽利略·伽利雷（Galileo Galilei）等科学家确立的自然科学实验的基本特征。建设实验室的目的就是要提供这种简单化或者说理想化的实验条件。像反导试验这样庞大、复杂的工程，只有在实验室中充分验证各个子系统的性能之后再进行空中试验才有意义。空中试验也必须从易到难。每次空中试验都是为了检验特定系统的性能，获得必要的数据，因此必须让作为试验条件的其他系统在接近理想的条件下运行，在外行看来这就像是在人为降低试验难度。但如果不这样做，而是一开始就采取接近真实环境的方式，那么一旦试验失败就意味着浪费了大量的资金和时间，从众多可能的因素中查明失败的原因，这样做的成本是不可承受的。只有在反导武器系统经过多次测试并积累了足够的经验后，才能进入所谓的战役测试阶段，那时目标发射的时间、参数的变化都是未知的，不过这是几年后的事情了。

至于为什么要部署这种还不成熟的系统，美国国防部部长唐纳德·亨利·拉姆斯菲尔德（Donald Henry Rumsfeld）说，手中有点儿什么总比什么都没有强。2007年，时任美国导弹防御局局长亨利·奥柏林（Henry Obering）对记者说，他宁愿把正在试验的系统投入实战使用，也不愿在毫无准备的情况下面对导弹袭击只能干瞪眼。

六、差之毫厘，失之千里：艰难的反导拦截试验

从反导武器系统开始研发到现在的70多年时间里，特别是冷战结束后30多年来，导弹防御技术越来越成熟，拦截试验的成功率越来越高，但距预定目标还是有一定的距离。比如美国自1999年开始共进行了20次地基中段拦截试验，其中成功11次，失败9次，成功率为55%（2010年之后进行的6次拦截试验中，就有3次失败了）。究其原因，还是因为技术难度太大。反导武器系统堪称人类历史上技术难度最大的武器系统。用导弹拦截导弹的技术难题主要包括以下几个方面。

一是发现、追踪和定位目标难度大。由于太空中没有空气阻力，弹道导弹的射程越远，其在太空中飞行的相对时间就越长，平均速

度就越快，拦截越困难。洲际弹道导弹在大气层外的速度可达 7000 米 / 秒，是普通子弹的 10 倍，弹头在冲入大气层后，以超过 10 倍声速的速度近乎垂直地砸到地面目标上，要有效地发现、跟踪和定位目标非常困难。

二是命中目标难度大。在对弹道导弹进行拦截时，拦截弹的速度也超过了 10 倍声速，拦截弹相对弹道导弹的速度超过了 20 倍声速，这对拦截弹的制导性能提出了很高要求。冷战时期的战略反导武器系统都依靠核弹头的爆炸来摧毁目标导弹，对精确度的要求不算太高，只要拦截弹能够飞到距离目标 1000 ~ 5000 米处即可，因此拦截弹制导系统精度低一些也不影响拦截效果。苏联的战略反导武器系统使用百万吨级当量的氢弹做拦截弹的战斗部。由于核爆炸对己方无防护部队的影响很大，因此从 20 世纪 80 年代开始，美国越来越依靠动能（即直接碰撞杀伤技术）来截击弹道导弹的弹头，此时用"子弹打子弹"来形容导弹撞导弹，虽然形象，但还是低估了拦截的难度。

三是指挥和战斗管理难度大。把卫星、雷达、拦截弹及其探测器联结为一个有机整体，并对上述系统进行指挥和管理的系统称为指挥、控制、通信、计算机（computer）和情报系统（C⁴I 系统）。拦截战斗时间是用秒来计算的，因此 C⁴I 系统是高度自动化、电子化的。这个"软件"系统一旦出现问题，结果就和拦截弹、探测器这类"硬件"系统故障一样会导致拦截任务的失败。同时，人员的心理素质、合作意识和技术水平也是取得成功的关键，因此对操作、指挥和管理人员的要求也很高。总之，机器和人、硬件和软件都不允许出错，但越复杂的高技术系统越容易失误。现代反导武器系统是由成百上千的技术单元和数以万计的零部件紧密结合而成的复杂系统工程。一旦启动，全部工作时间就只有几分钟到半个小时，在这段极其有限的时间内，任何一个单元或零部件出了问题（通常在技术上是无法及时发现或者发现了也无法及时处理的），都

木 桶 原 理

木桶原理又称为短板原理，是系统工程的一个基本原理，指一个木桶能装多少水，是由最短的那块木板决定的。

会导致拦截失败。比如 2000 年 1 月 20 日进行的地基中段防御系统拦截试验失败，后经过长时间的调查发现，问题出在动能杀伤器上的红外探测器的冷却系统，在最后 6 秒钟时像毛发一样细的冷却管破裂，泄漏的冷却剂使探测器外壳结了一层薄冰，导致无法区分真弹头和诱饵弹头。

第三章

反导武器的组成与作战过程：分兵合击、层层防御

万人操弓，共射一招，招无不中。
——《吕氏春秋》

　　反导武器系统是当今最复杂的武器系统，主要包括发现和跟踪目标的预警跟踪系统、预测目标飞行轨迹并对预警跟踪系统和拦截武器系统进行指挥的指挥控制系统以及对目标进行拦截的拦截武器系统三大部分。按照拦截弹道导弹的时机不同，反导武器系统可分为助推段反导武器系统、中段反导武器系统和末段反导武器系统三类。为了提高拦截目标的能力，这三类反导武器系统通常协同配合对目标进行梯次拦截。

一、反导武器系统分类：各司其职

　　反导武器系统的防御范围大到战区，小到机场等点目标；安装的平台有机载、舰载和陆基（包括地下井、地面机动等）。按其拦截对象，主要分为战略反导武器系统和战术反导武器系统。战略反导武器系统的主要拦截目标是陆基洲际弹道导弹、陆基远程弹道导弹和潜射弹道导弹。战术反导武器系统的拦截目标是射程为 3500 千米以内的中、近程弹道导弹，主要用于保护点目标或者范围很小的地区，如机场、港口、指挥控制中心及机动作战部队等。

　　按照拦截时机的不同，弹道导弹防御系统可分为三类：助推段反导武器系统、中段反导武器系统和末段反导武器系统。助推段反导武器系统一般是在弹道导弹发射后尚未释放弹头的数分钟内对其进行拦截；中段反导武器系统是拦截已被释放但尚未进入大气层的弹头；末段反导武器系统是在来袭弹头即将或已经进入大气层时，对其进行拦截（图 3-1）。

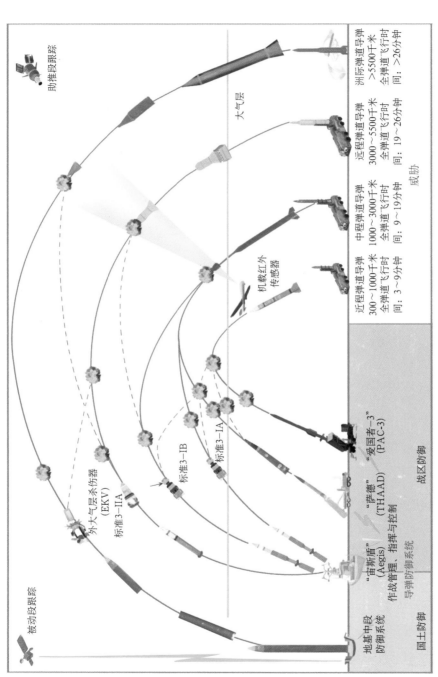

图 3-1 反导武器系统分类

图 3-2　轰炸机发射导弹拦截助推段弹道导弹想象图

（一）助推段反导武器系统

　　弹道导弹在从发动机点火到火箭脱落的飞行阶段依靠发动机产生的反向推力飞行。为了获得更大的推力从而飞行更远的距离，火箭通常有多级，每一级火箭由发动机和燃料箱组成。当一级火箭的燃料耗尽后，燃料箱和发动机就会脱落并点燃下级火箭，所有火箭都脱落后，助推段就结束了。洲际弹道导弹一般为 2 ～ 3 级火箭，潜射弹道导弹通常为 2 级火箭。助推段典型的飞行持续时间一般为 1 ～ 5 分钟。短程导弹的助推段完全处于地球大气层内；远程导弹的助推段通常超出大气层进入外层空间；洲际弹道导弹的助推段长度为 320 ～ 800 千米，弹道高度为 200 ～ 640 千米。

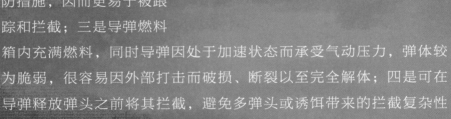

在助推段，一是导弹弹头与弹体没有分离，整个导弹体形巨大，同时发动机尾焰的红外特征信号强因而易被对方探测；二是弹道导弹飞行速度较慢，并且无法像飞行中段、末段那样采取机动变轨，或者采取撒放箔条、干扰机释放电子干扰等突防措施，因而更易于被跟踪和拦截；三是导弹燃料箱内充满燃料，同时导弹因处于加速状态而承受气动压力，弹体较为脆弱，很容易因外部打击而破损、断裂以至完全解体；四是可在导弹释放弹头之前将其拦截，避免多弹头或诱饵带来的拦截复杂性问题。

弹道导弹的助推段飞行时间很短，如射程为 1000 千米的导弹助推段飞行时间只有 80 秒。要在这样短的时间内实施拦截，拦截武器系统的反应速度就必须足够快。当弹道导弹从幅员辽阔且用铁路或公路机动的国家发射时，助推段拦截的难度随之急剧增大。

目前正在研究的助推段反导武器系统主要有三类：一是利用轰炸机或战斗机发射由空空导弹、高速反辐射导弹加动能杀伤器组成的拦截弹（图 3-2）；二是从无人驾驶飞机上发射的高速动能拦截弹（图 3-3）；三是机载的高能激光、粒子束或定向的高功率微波武器。但这些助推段反导技术目前都处于探索阶段，还不具备实战能力。

图 3-3　无人机搭载激光武器拦截助推段弹道导弹想象图

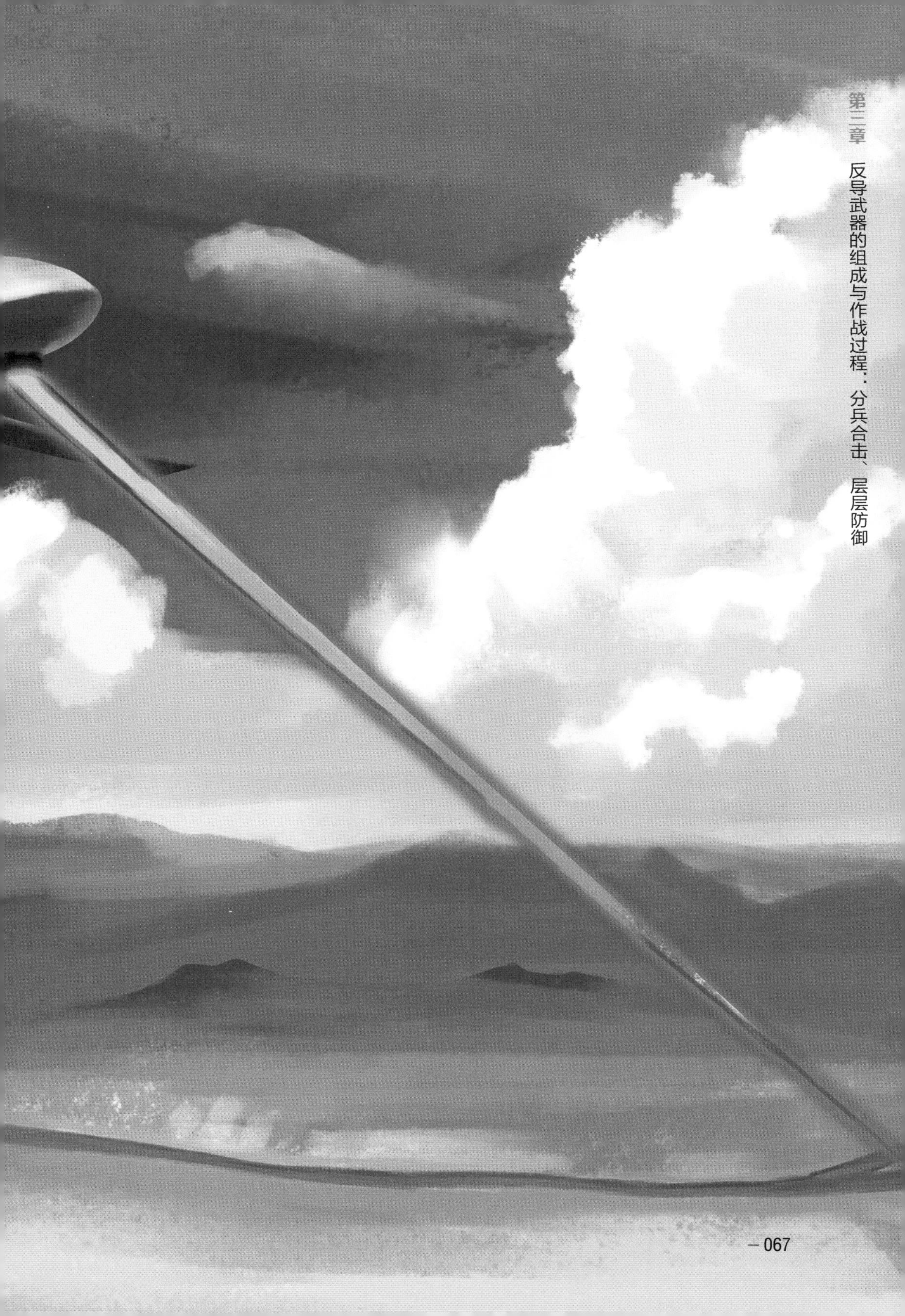

第三章 反导武器的组成与作战过程：分兵合击、层层防御

（二）中段反导武器系统

除战术弹道导弹之外，其他弹道导弹的中段是整个弹道中最长的一段。在整个中段，所有的子弹头和诱饵、母舱和导弹遗留下的助推器残骸（"威胁云"）基本上都是沿形状差不多的抛物线运动。直到返回大气层，中段便结束了。这时"威胁云"中密度较低的物体因受大气阻力的作用，明显地偏离导弹的弹道。

中段反导武器系统（图3-4）主要是对中远程和洲际弹道导弹进行拦截，一般通过预警卫星和地面早期预警雷达发现已进入稳定飞行状态的弹道导弹，计算和预测导弹飞行轨迹，并将这些参数发送给海上或陆上的跟踪制导雷达。当导弹经过预计拦截区域时，跟踪制导雷达引导超高空拦截弹摧毁来袭导弹。由于中远程弹道导弹的中段弹道高度一般都在 1000 ～ 4000 千米，因此要求中段反导武器系统的拦截弹拦截高度也在该范围内。

相较于技术尚未成形、部署要求高的助推段反导武器系统，以

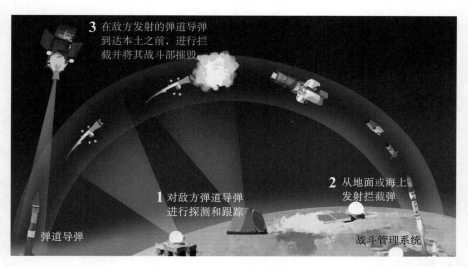

图 3-4　中段反导武器系统

及拦截时间短、易造成严重核（化学）污染的末段反导武器系统，在中段对来袭导弹进行拦截有诸多优点。一是洲际弹道导弹的中段飞行时间较长（通常约为 20 分钟），飞行弹道比较稳定，也可以被精确地预测出来，预留给拦截弹拦截目标的时间长，便于实现对目标的跟踪和识别。二是中段反导武器系统可以防御很大的空域范围（几乎是末段反导武器系统的 100 倍），对拦截武器系统的部署地点设置要求较低，防御方还可以较为从容地选择攻击时间点。中段反导对防御方也有许多不利的因素：一是来袭导弹在中段将分导式弹头与诱饵都释放出来，使目标数量比助推段大大增加，因此在助推段上那样高效率击落分导式多弹头导弹的机会已不复存在；二是弹道导弹的分导式弹头体积小，太空中没有大气阻力，为进攻方大量使用与弹头外形相似、动力特征相匹配的诱饵创造了条件，给目标探测、识别带来更大困难；三是弹头的硬度比火箭助推器大得多，拦截难度加大。

（三）末段反导武器系统

弹道导弹的弹头在引力的作用下开始加速落回地球，这个坠落的过程就是末段，又叫再入段。"再入"就是重新进入大气层的意思。当导弹和它释放的物体（包括弹头、子弹头和诱饵）再入大气层（高度约为 130 千米）以后，在中段拦截中面临的许多繁杂的识别问题立即消失或大大缓和。在空气阻力的影响下，弹道导弹的弹体、弹头和诱饵速度会不同程度地变慢。大气阻力不仅会引起弹道的改变，而且再入体因与空气摩擦变热，其光学特征会有所增强。

末段反导的优点主要是容易识别真假弹头，因空气阻力可以很快地将较轻的诱饵与较重的真弹头区分开来。末段反导武器系统可以保护面积较小的区域免遭从任何地方发射来的弹道导弹的攻击，但每个需要保护的区域都要有自己的预警跟踪系统和拦截武器系统。同中段反导武器系统一样，进攻导弹释放多弹头时会使防御任务变得极其复杂，需要的拦截弹数量也会急剧上升。

末段反导一般分为两层：一是末段高层反导（也称区域高层反导），通常在大气层内高空（40～150千米）或大气层外（150千米以上）的部分空域拦截处于末段飞行的弹道导弹，具有一定的防御远程及洲际弹道导弹的能力；二是末段低层反导，用于保护范围较小的区域或点状目标，通常在大气层内（30千米以下）拦截处于末段飞行的弹道导弹（图3-5）。

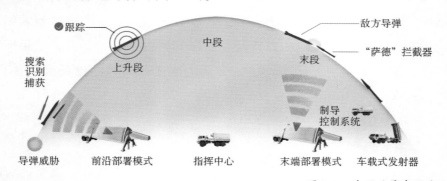

图 3-5 末段反导武器系统

综上，各阶段反导武器系统的作战能力对比如表3-1所示。

表 3-1 各阶段反导武器系统的作战能力对照表

	上升段拦截	中段拦截	末段高层拦截	末段低层拦截
代表型号	无实际装备	地基中段防御系统、"A-235"系统	战区高空区域防御系统、C-500	"爱国者-3"、C-400
拦截作战对象	处于上升段飞行的弹道导弹	处于中段飞行的弹头	高度为40～150千米的再入弹头	高度为15～30千米的再入弹头

续表

	上升段拦截	中段拦截	末段高层拦截	末段低层拦截
目标特点	红外特征明显，头体未分离，速度较慢	具有多弹头及诱饵假目标等突防措施	具有多弹头、诱饵假目标，机动变轨等突防措施，再入弹头速度很高	
目标射程限制	射程不限	射程不限	射程为 3500 千米以下的目标	射程为 1200 千米以下的目标
预警时间要求	要求很高，应在几十秒以内	对预警系统反应时间要求较高，在不同飞行阶段有不同的预警时间要求，一般在几十秒至数十分钟		
防御能力	形成对发射（敌对）国家或地区的整体反导压制	可提供整个国家或地区的反导作战的面防御能力	为战区、要地提供高层末段反导作战的点防御能力	为要地提供反导作战的点防御能力
拦截作战半径	100～400 千米	600 千米以上	100～200 千米	10～50 千米
拦截高度	40～200 千米	800 千米以上	40～150 千米	15～30 千米
机动作战能力	采用空基平台作战时，具备很高的机动作战能力	设备庞大，地基平台采用固定发射装置，海基平台具备一定的机动作战能力	相比中段反导武器系统，设备较少，采用车载机动发射方式，具备一定的机动作战能力	
部署数量	针对弹道导弹的部署情况进行部署，相对部署数量较少	在特殊地域进行部署，数量无须很多	按照保卫的要地或战区目标进行部署，需要大量部署才能形成较好的防御覆盖能力	
毁伤效果	拦截后弹道导弹弹体残骸落入敌方境内，不对己方造成任何损伤		拦截后弹道导弹弹头残骸落入本国境内，可能会造成损伤，尤其是核生化弹头带来的危害更大	

二、反导武器系统的"眼睛"：预警跟踪系统

反导武器系统在对目标进行拦截时，首先要发现目标，然后预测目标的轨迹和落点，计算拦截弹发射的时刻，再发射拦截弹对目标进行拦截。预警跟踪系统通常被称为反导武器系统的"眼睛"，是弹道导弹防御的基础和前提，因为如果没有预警跟踪系统发现来袭的弹道导弹并且给予拦截武器系统尽量多的反应时间，整个反导作战就根本无从谈起。美、苏（俄）两国的反导武器系统都是从保卫国土的预警跟踪系统建设开始的。预警跟踪系统的功能包括发现远方来袭的弹道导弹，通过接收目标发射或反射的电磁波（红外线、可见光）分辨来袭目标的外形，并判别目标的种类，指引拦截弹去拦截来袭的目标，并判断来袭的目标是否已经被成功拦截。

预警跟踪系统的作用是快速、精确地监视来袭弹道导弹从发射到被拦截的整个轨迹。一般包括天基预警卫星和地面雷达两部分。其中，地面雷达又分为预警雷达和跟踪制导雷达两类。

天基预警卫星主要用来处理因地球曲率及大气层而导致的探测盲区。由于微波是沿直线传播的，受地球曲率的影响，地面雷达通常无法对中远程弹道导弹轨迹的前半段进行有效探测，因此，需要利用预警卫星来处理因地球曲率及大气层而导致的探测盲区。预警卫星一般通过探测导弹助推段高热尾焰发射的红外线或可见光实现对弹道导弹的探测。

当弹道导弹的发动机熄火后，卫星探测目标的能力将大大降低，此时需要地面的预警雷达继续对处于中段的弹道导弹进行探测和跟踪，提供更加精确的预警信息。预警雷达的主要任务是在预警卫星的信息支援下，对目标进行探测并预测弹道，为跟踪制导雷达提供目标指示和引导信息，确保对目标跟踪探测的连续性和稳定性。

预警雷达虽然可以较早地发现和跟踪来袭导弹，但其探测精度不足以直接对拦截弹进行制导，因此需要与跟踪制导雷达配合使用。跟踪制导雷达的主要任务是精确跟踪、识别目标，并指引拦截弹对目标进行拦截，为了实现这一目标，其测量精度要求很高。

（一）预警跟踪系统的任务

预警跟踪系统的主要任务包括发现目标、确定目标位置、引导己方拦截器对目标进行拦截。

1. 空间目标编目

在和平时期，预警跟踪系统时刻处于导弹预警值班状态，对空间内出现的目标进行识别、研判并且编订轨道数据库。如果在新轨道上发现了目标，就立刻进行识别和判断；如果是旧目标改变了运行轨道，则立刻纠正数据库内的轨道数据；如果是他国发射了新的空间目标，则在数据库中新建目标数据，以便今后不断跟踪记录。监视、跟踪与编目的空间飞行器，不仅包括各种军用和民用的卫星，还包括外太空的碎片和垃圾。预警跟踪系统可用于掌握这些外太空目标，便于在作战时识别来袭导弹与卫星等空间目标。

2. 远程预警

对洲际弹道导弹、中程弹道导弹和潜射弹道导弹等目标进行远距离搜索，一旦发现有弹道导弹发射，就要测定其瞬时位置、速度、发射点和弹着点等参数，及时上报并通知反导指挥控制系统及有关拦截武器系统，为反导指挥控制系统提供弹道导弹来袭预先警报。地基预警雷达通常只能观察视距以上的目标，对弹道导弹的预警时间很短。例如，雷达位于弹着点位置，射程为 4500 千米及 8000 千米的弹道导弹从出现在地平线上方到着地，分别只有约 12 分钟和

13 分钟的时间。雷达在低仰角搜索，从发现、截获到跟踪，以及弹道测量需耗时 1 分钟以上，预测飞行轨迹需耗时 1.5 ～ 2 分钟，因此能提供的预警时间只有 10 分钟左右。为了给拦截武器系统提供足够的反应时间，通常利用导弹预警卫星或者尽可能在前沿部署预警雷达来实现早期预警。在这一阶段，预警跟踪系统通常只提供目标粗略的水平位置，探测精度要求不高。

3. 目标识别与跟踪

预警跟踪系统需要从由众多诱饵、再入飞行器等构成的"威胁云"中将来袭弹头分离出来，再分配给拦截武器系统进行拦截。对目标进行分类和真假弹头识别是一个极其复杂的任务，也是决定反导武器系统有效性的关键，至今仍是推动预警探测技术发展的强大动力。美苏在研制反导武器系统初期，都先假定只有一个核弹头，但多弹头分导技术、主动干扰技术的出现，导致在中段除了有诱饵和母舱碎片外，还有分导弹头和有源电子干扰，这使目标识别问题变得非常复杂。由于在中段，目标母舱将分导弹头、诱饵和碎片都释放出来，因此在弹道导弹的三个飞行阶段，中段的目标识别难度最大。

4. 拦截弹制导

由于拦截弹上的导引头作用距离有限，因此在其完成对目标的截获和跟踪之前，必须由地面雷达进行指引。通过测定目标和拦截弹的位置、速度等运动参数，根据指挥控制系统下达的作战方案，按照一定的策略（制导律）形成控制指令，指挥拦截弹飞向来袭目标。这就对跟踪制导雷达的探测精度提出了更高的要求。

（二）弹道导弹的目标特性

目前，探测弹道导弹的主要设备是雷达和红外探测器。不同的弹道导弹，飞经不同的大气环境，会产生不同的物理现象，运用不同的探测设备对其探测，获得的特征也会有所不同，这也称为目标特性。弹道导弹的目标特性由导弹结构、飞行速度、飞行轨迹和飞行环境所决定，主要包括电磁特性、光学特性和运动特性。

1. 电磁特性

电磁特性是由弹头本身的结构、形状、尺寸和材料，运动姿态和状态，再入大气层产生的物理现象等因素作用于雷达而显现的。电磁特性最重要的一点就是雷达反射截面积。一个物体的雷达反射截面积越小，雷达波照射到物体表面后沿原路径返回的电磁波就越少，此时，目标需要距离雷达很近时才能被雷达发现。从不同的角度看物体，其形状有所不同，从不同的方向用同一频率电磁波照射目标时，其散射回波强度也是不同的，但一旦目标的外形、材料等物理属性确定，那么它在不同角度、不同频率雷达照射下的反射截面积就是一个相对确定的值。因此，雷达反射截面积就像人的指纹一样，可以作为判断目标身份的特征。

2. 光学特性

弹道导弹从发射升空到着地的飞行全过程包括三个阶段，先后表现出不同的红外辐射特性：助推段发动机尾焰辐射，中段受外热环境影响，再入段气动加热。

（1）助推段

助推段起始于导弹发射，终止于最后一级助推火箭发动机关机。导弹发射飞行时，火箭发动机工作，其尾焰温度在1000℃以上，会发出很强的红外辐射。红外辐射的强弱与尾焰的结构（形状、大小、压力和温度等）以及燃料的化学成分有关。

弹道导弹在稠密大气中高速飞行时，流过其表面的气流猛烈受压并与导弹摩擦从而使弹头加热。如果弹头不采用热防护措施，助推段的气动加热效应会导致其表面温度高达300℃，并辐射较强的红外线。直到弹头上升至80千米高空后，由于大气稀薄，气动加热的影响才可略去不计。

（2）中段

弹道导弹弹头进入中段飞行后，由于存在稀薄空气，当空气分子与弹头表面碰撞时，会有微气动加热现象。微气动加热对弹头温度的影响不大，但对于一些轻诱饵，微气动加热引起的温度升高的速度相对于弹头要快得多。因此，一般的轻诱饵从125千米的高度再入大气层后，到80千米高度就可能会自行烧毁，故80～100千米又称熔化高度。

（3）末段

弹道导弹弹头以高速重返100千米以下的大气层时，所接触的空气会受到强烈的压缩，弹头的压力将高达10兆帕，弹头大部分动能转化成热能，使其自身和周围空气的温度急剧上升。弹头前面会产生高温气帽，弹头尾部出现1000～2000米长的尾迹，随着大气密度的增加，红外辐射亦逐渐增大。

3. 运动特性

弹道导弹除了在初始段以火箭发动机做动力加速飞行并进行机动外，弹道的其他部分均沿地球重力作用下的椭圆弹道飞行。运动特性主要是指各种弹道导弹目标由于自身质量和外形尺寸的差异，受大气阻力影响而表现出来的运动特征。

弹道导弹飞出稠密大气层后，弹头与弹体分离。弹头受分离作用力和自身结构影响，会导致不同程度的姿态运动。在外大气层，弹头主要的微运动特征是旋转和章动（鼻锥摇摆），如果弹头尾部装有稳定裙并有姿态控制系统，则可以防止翻滚运动。导弹释放的诱饵、弹头和弹体分离时爆炸螺栓爆炸产生的碎片，也会表现出翻滚等各式各样的运动特征。

弹道导弹在从弹道的最高点至再入大气层之前的一段下降的弹道中，弹头的速度受到地球引

章 动

章动（nutation）是指当旋转的物体的自转角速度不够大时，除了自转外，物体的对称轴还会在铅垂面内上下摆动。

力的影响由小增大。重返大气层之后，受空气阻力的影响，弹头的速度又开始下降，表现出不同的减速特性。若只考虑气动阻力，则再入目标的减速特性就只依赖于质量与阻力的比值（弹道系数）。通常弹道系数相同的再入目标具有相同的运动规律，弹道系数不同的再入目标则有着不同的减速特性。弹道导弹目标再入飞行时，气动阻力使弹头减速和姿态改变。当目标迎风截面积一定时，气动阻力与大气密度成正比，并与其飞行速度的平方成正比。弹道导弹目标中，弹头目标质量最大，其弹道系数很大。重诱饵质量虽小，但其迎风截面积小，弹道系数可做到与弹头相近。气球等轻诱饵质量最小，展开后迎风截面积较大，弹道系数最小。

（三）预警跟踪系统的组成

射程 10 000 千米的洲际弹道导弹，从发射到弹头落地大约需要 36 分钟。受地球曲率的影响，探测距离为 5000 千米的远程预警雷达也只能在导弹飞行一半路程后，即起飞 15 分钟后才能"看见"目标。反导一方想要尽早发现目标，对弹道导弹进行全程跟踪，就必须采用预警卫星和地面雷达等建立多层预警网。

1. 预警卫星

预警卫星是一种用于监视和发现敌方战略弹道导弹发射的预警侦察卫星，可不受地球曲率的限制，居高临下地进行对地观测，具有监视区域大、预警时间长、不易受干扰、受攻击机会少、能探测处于助推段的战略导弹的特点。

预警卫星通常都携带红外线探测器。红外线是一种热辐射，是物质内分子热振动产生的电磁波，因此，任何绝对温度在零度以上的物体都能辐射红外线，红外辐射能量随温度的上升而迅速增加，物体辐射能量的波长与其温度成反比。红外线波长为 0.76 ～ 1000 微米，在整个电磁频谱中位于可见光与无线电波之间（图 3-6）。因其波谱位于可见光的红光之外，所以被称为红外线。

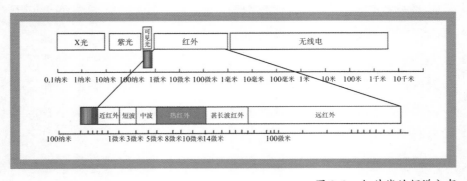

图 3-6　红外线的频谱分布

红外线和其他物质一样，在一定条件下可以相互转化。它可以由热能、电能等激发而成，在一定条件下红外辐射又可转化为热能、电能等，因此可以利用光电效应、热电效应制造各种接收、探测红外线的敏感元件。

弹道导弹发射时，喷出的二氧化碳和水汽温度能达到 1700℃，高温尾焰发出强烈的红外辐射和可见光，这一阶段最容易被天上的导弹预警卫星侦察到。预警卫星搭载的用于探测助推火箭的主要探测器为红外望远镜系统，其组成包括大口径望远镜、聚焦的探测器阵列、为探测器制冷的低温冷却系统、高性能的电子计算机、通信硬件和软件，以及使探测器始终对准目标的卫星姿态控制系统。这样，探测器阵列就能迅速地对助推段的热辐射做出反应，根据信号确定目标的轨道及其他特性，经过通信系统实时地将数据传送给指挥控制系统。

到中段，由于尾焰已不复存在，弹道导弹的温度已降至 0℃ 左右，目标辐射处于长波红外波段。因此，预警卫星还必须配备长波红外探测器。当弹道导弹的弹头采用冷助推器或其他红外线屏蔽方式时，单纯地依靠红外探测器从大量的假目标和诱饵中识别出弹道弹头就变得非常困难。对此，预警卫星还需要搭载毫米波雷达、激光雷达，以便能够从大量的假目标、诱饵中识别出弹头。

根据运行轨道距离地面的高度，预警卫星可分为低轨道预警卫星、中轨道预警卫星、地球静止轨道预警卫星和大椭圆轨道预警卫星等。目前，最常用的预警卫星为地球静止轨道预警卫星、低轨道预警卫星和大椭圆轨道预警卫星（图 3-7）。

地球静止轨道预警卫星运行在赤道上空（高约 36 000 千米），做与地球自转周期相同的圆周运动，这样卫星就可以与地面保持相对静止，能对低纬度地区固定区域处于助推段的弹道导弹进行探测。地球静止轨道预警卫星一般搭载有两类传感器：红外扫描传感器与红外凝视传感器。红外扫描传感器依靠卫星自旋实现对地面的探测。由于卫星只接收而不发射红外线，单颗地球静止轨道预警卫星通常只能测量目标与卫星之间的角度信息，而无法测量距离，因此，需要连续测量目标与卫星之间的角度，计算出目标的方向、位

图 3-7　不同轨道上的卫星

置，然后估计目标的飞行轨迹。当扫描传感器发现目标后，会把目标信息发送给凝视红外传感器对目标进行跟踪凝视与识别确认，并初步预测弹道的落点与发射点。卫星将导弹发射情况、导弹跟踪数据传递给弹道导弹预警地面指挥控制中心、地面预警跟踪系统和导弹拦截系统。地球静止轨道预警卫星的典型代表是美国的"国防支援计划"地球静止轨道预警卫星和苏联的"眼睛"（Oko）预警卫星（图 3-8）。

　　低轨道预警卫星运行在低地球轨道上（高约 1000 千米），主要用来对处于中段飞行的弹道导弹进行跟踪探测。由于弹道导弹在中段飞行时温度不断降低，红外特征不断减弱，卫星上的探测器须能够探测目标辐射出的多种波长，这些波长主要包括短波红外、中波红外、长波红外和可见光。与地球静止轨道预警卫星类似，低轨道预警卫星也是先扫描发现目标，然后进行凝视跟踪，这个过程持续到弹道中段和再入段。低轨道预警卫星距离地面较近，探测器能够精确跟踪目标的全弹道，监视弹头母舱和突防装置的攻击过程，准确地确定弹道导弹的姿态、特性和攻击点，具备识别弹道导弹与诱饵的能力。但由于低轨道预警卫星绕地球一周的时间为 1.5 个小时左右，卫星在目标上空停留的时间很短，因此为了实现对目标的不间断跟踪，就需要多颗卫星进行"接力"探测。

地球静止轨道卫星只能相对静止在赤道上空，不能对其他高纬度地区进行侦察，低轨道预警卫星可以侦察地球上的任意区域，但在该区域上空持续侦察的时间太短。那么，有没有既能探测高纬度目标区域，又能在这些区域上空长时间停留的卫星呢？那就是大椭圆轨道预警卫星。图 3-9 为苏联"闪电"（Molniya）军事和通信卫

图 3-8　苏联第一代预警卫星"眼睛"

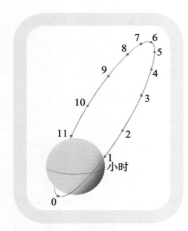

图 3-9　大椭圆轨道预警卫星

星轨道，其中的数字表示卫星在不同时刻运行的位置。大椭圆轨道上的预警卫星在近地点时运行速度最快，在远地点时运行速度最慢，只要选择适当的大椭圆轨道倾角，就可以实现对某些区域的长时间覆盖，主要对处于助推段的弹道导弹进行探测。典型的大椭圆轨道预警卫星，如美国的"天基红外系统"（SBIRS）大椭圆轨道预警卫星，其远地点在北极上空，高度约为 36 000 千米，每颗卫星对北极地区的覆盖时间超过 12 个小时，两颗大椭圆轨道预警卫星可以实现对北极附近区域的不间断探测。

2. 地面雷达

地面上的雷达在发射电磁波时会受到地球曲率的限制，与卫星侦察系统和飞机侦察系统相比，除超视距雷达外，地面上的其他雷达都不能探测地平线以下的目标。这样，弹道导弹只有飞行到一定高度后才能被地面雷达发现，因而预警时间比较短。但是地面雷达的功率和尺寸可以做得很大，能够灵活地执行预警、识别、跟踪、制导等多种任务。

雷达通过发射和接收目标反射回的电磁波对目标进行探测与识别，由于电磁波频率不同，其散射和绕射特性不同，因此雷达发射不同频率的电磁波时，它们的性能是不同的。

提到雷达，我们常说它工作在 S 波段、X 波段，这里的波段是指雷达发射的电磁波频率范围（图 3-10）。雷达波段的划分方法起源于第二次世界大战时期，后来又按波长从大到小分为 A、B、C 等频段。

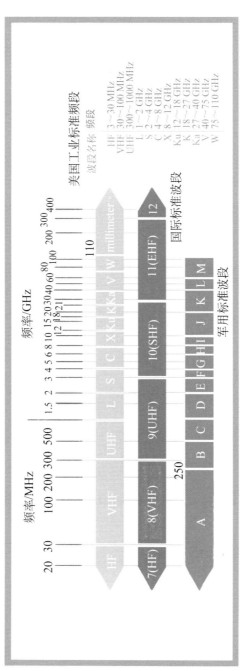

图 3-10 电磁波频段命名

一般情况下，雷达频段越低（波长越长），目标搜索发现能力越强；频段越高，测量精度越高，但电磁波的空间损耗大，作用范围小。雷达的发射功率受电压差和散热要求的限制，长波雷达更容易实现大功率发射，雷达天线面积与雷达波长的比越大，发射的电磁波能量越集中，就能探测到更远的目标。因此，反导预警跟踪雷达的天线块头儿往往很大，图 3-11 为俄罗斯"沃罗涅日-DM"（Voronezh-DM）预警跟踪雷达。

图 3-11　俄罗斯"沃罗涅日-DM"预警跟踪雷达

根据承担的任务不同，地面雷达可分为预警雷达和跟踪制导雷达两类。

预警雷达的主要任务是在预警卫星的信息支援下担负目标警戒和早期预警任务，并预测弹道，为跟踪制导雷达提供目标指示和引导信息，确保对目标跟踪探测的连续性和稳定性。在波段选择上，预警雷达为实现对大范围区域的搜索警戒和对远距离目标的探测，一般选择工作在探测距离远的长波（低频）波段（P 波段或 L 波段），如美国的"铺路爪"（PAVE PAWS，相控阵雷达型号为 AN/FPS-115）雷达和"丹麦眼镜蛇"（Cobra Dane，相控阵雷达型号为 AN/FPS-108）雷达。

预警雷达虽可以较早地发现和跟踪来袭导弹，但其探测精度不足以直接对拦截弹进行制导，因此需要与跟踪制导雷达配合使用。跟踪制导雷达的主要任务是精确

美国雷达命名

美军的军用电子设备（包括雷达）的命名都遵循联合电子类型命名规则，通常用字母 AN（陆军 - 海军联合命名系统）、一条斜线和另外三个字母组成。三个字母中，第一个字母表示安装位置，F 代表在地面固定安装，S 代表安装在舰艇上；第二个字母表示设备类型，其中 P 代表雷达；第三个字母表示设备用途，S 代表装备用于探测或测距、测向、搜索，Y 代表装备用于监视和制导；数字标识特定装备，如 FPS-115 表示该雷达是 FPS 类的第 115 种。如果装备经过一次升级就在原型后附加一个字母（如 A、B、C）。

跟踪、识别目标和制导拦截弹，为了实现这一目标，雷达的测量精度要求很高。因此，雷达波束宽度设计得极窄，以满足测角精度和距离分辨率的要求。在波段选择上，跟踪制导雷达一般工作在高频波段（如 S 波段或 X 波段），如美国"宙斯盾"系统的 AN/SPY-1 雷达。高频雷达虽然作用距离较小，但精度较高。

大家应该注意到，在介绍地面雷达的新闻报道中，有一个词出现得很频繁，那就是"相控阵"，那么相控阵到底是什么呢？

与相控阵雷达对应的是机械扫描雷达。早期为了实现雷达波束

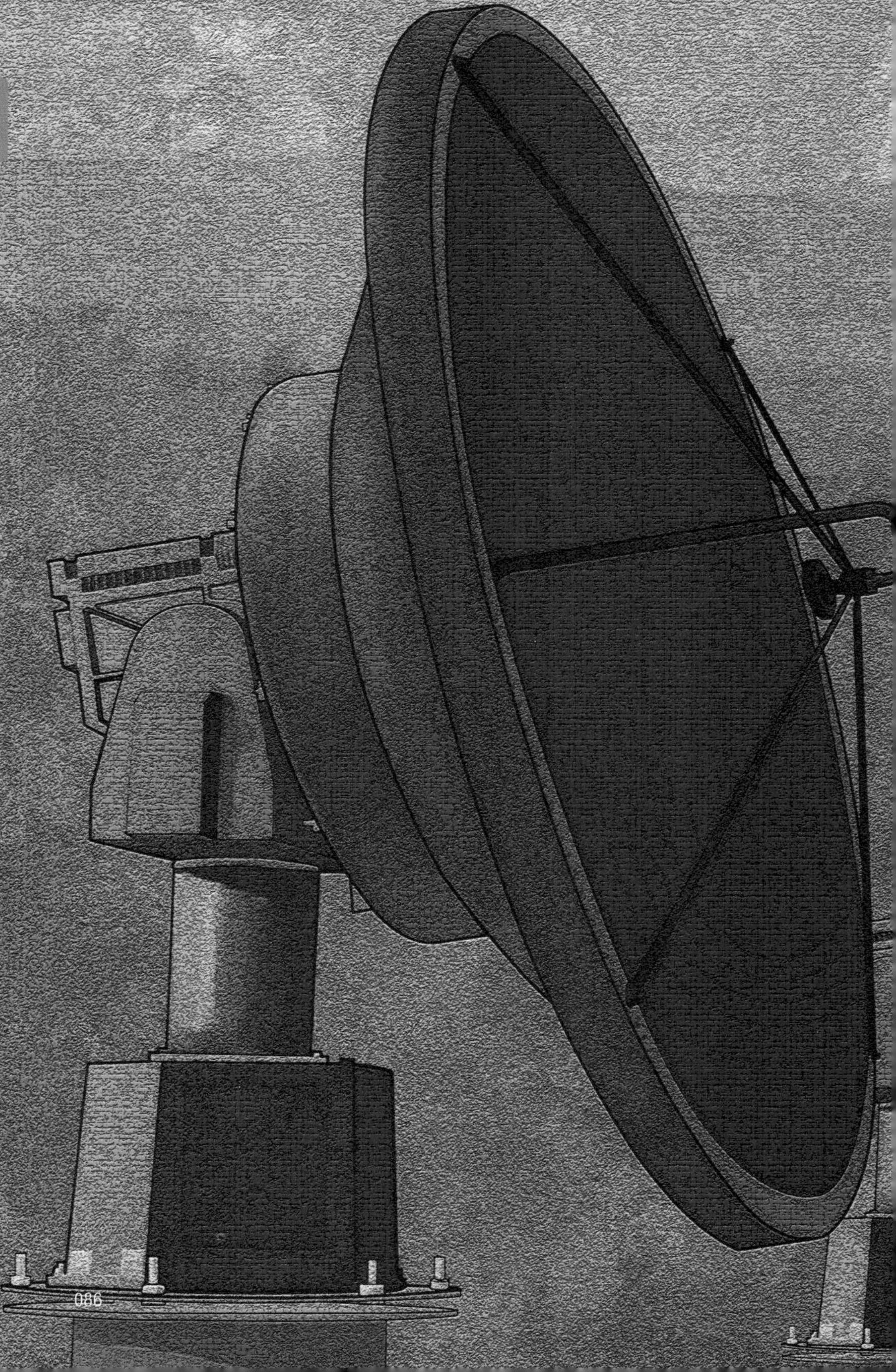

的指向性，雷达天线都是采用反射面将发散的电磁波反射后汇聚在特定方向，再利用机械装置带动反射面上、下、左、右摆动，实现波束对空域的扫描。其中，抛物面雷达天线（图3-12）最为典型，雷达电磁波发射源安装在抛物面的焦点上，经过抛物面反射可以形成平行的波束。

图 3-12　抛物面雷达天线

　　为了跟踪高速运动的目标，需要雷达天线快速转动以将雷达波束对准目标。机械扫描雷达虽然工作原理简单，易于实现，但雷达天线的体积与惯性都很大，这极大地限制了雷达性能的提升。为提高雷达探测高速目标的能力，研究人员受到蜻蜓复眼的启发，设计出了相控阵雷达。

　　相控阵雷达的天线阵面类似于昆虫的复眼（图3-13）。蜻蜓有两只复眼，视角范围要比人眼大得多，向四周看时无须转头，每只复眼由上万只"小眼"组成，每只"小眼"都能独立成像。与此类似，相控阵雷达的天线阵面也由许多个发射和接收天线单元组成，这些小单元叫作阵元，相当于蜻蜓的"小眼"，阵元的数量与雷达功能有关，从几百个到几万个不等。这些阵元规则地排列在平面上，构成阵列天线。相控阵雷达就是通过以电子方式改变雷达波相位来控制雷达波束方向的雷达，因此又被称为电子扫描雷达。

　　相控阵雷达有一个极其聪明的"大脑"——计算机。雷达系统中自带的计算机通过精确计算，让阵元各自发出不同相位的电磁波，

图3-13　蜻蜓复眼与相控阵雷达天线阵面

从而使照射到目标的电磁波相位一致且信号互相加强。这不但可以使电磁波的传播距离更远，还可以使从目标反射回来的信号更加清晰完整。照射到其他地方的电磁波相位完全相反，从而互相抵消，避免产生干扰杂波。这样就不用再转动天线了，只要计算机下达一道指令，就可以让电磁波照射到需要探测的区域（图 3-14）。

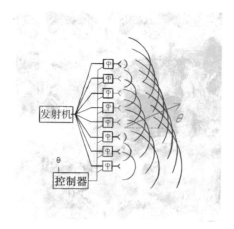

图 3-14 相控阵雷达波束方向控制原理示意图

相控阵雷达分为无源相控阵雷达和有源相控阵雷达两类。无源相控阵雷达仅有一个中央发射机和一个接收机，发射机产生的高频能量，经计算机自动分配给天线阵的各个阵元，目标反射信号也是经各个天线阵元发送到接收机统一放大。有源相控阵雷达的每个天线阵元都配装有一个发射接收组件，每个组件都能自己发射和接收电磁波。有源相控阵雷达还拥有一个关键的器件，就是每个发射接收组件后面都有的移相器，它利用计算机控制相位变化来改变波束的发射方向。

相比机械扫描雷达，相控阵雷达具有强大的生命力和灵活性，主要是因为它有如下几个方面的特点。

第一，探测距离远。雷达功率越大，威力越大，雷达天线尺寸越大，信号的放大倍率越高，目标探测距离往往越远。为了探测远距离、隐身目标，往往需要提高雷达功率和天线尺寸，但机械扫描雷达的天线因为需要快速旋转，受重量限制，尺寸往往无法做得很大。相控阵雷达可以去除天线的伺服驱动系统，同时也减少了加大雷达天线尺寸所受到的各种限制，可以做到足够大，如美国"铺路爪"雷达天线的直径可达 25 米左右。此外，天线阵元的数量可以是几百个，也可以是上万个，像美国"丹麦眼镜蛇"雷达就有 15 360 个能发射电磁波的阵元，组成 96 个子阵，相当于 96 部雷达的组合体，合成之后整个雷达的最大发射功率将近 15.4 千瓦，使得该相控阵雷达能够探测到 4000 千米外的弹道导弹。

第二，扫描速度快，波束指向非常灵活。如果要调整 100° 的探测方向，传统雷达因为要转动，大约需要 1 秒甚至数秒时间，而相控阵雷达使用电子扫描，所需时间不到 1 毫秒，它能在短时间内对目标状态信息进行多次测量，目标搜索、识别、跟踪迅速，探测与跟踪高速机动目标的能力很强。在同样的雷达观测时间内，跟踪采样速率越高（雷达波束扫过目标的次数越多），对导弹的落点预报精度就越高。以射程 2700 千米的弹道导弹标准弹道为例，若跟踪采样间隔由 1 秒提高到 0.25 秒，即跟踪数据率提高 3 倍后，落点预报精度可改善大约 1 倍，而且对不同的目标可以用不同的跟踪数据率。

第三，功能多。相控阵雷达可以同时形成多个波束且对其进行独立的控制，通过与计算机相互配合能对多个不同方向、不同高度的目标进行搜索与跟踪，对目标进行照射并引导多枚拦截弹对多个目标进行攻击。一部相控阵雷达能起到多部普通专用雷达的作用，而且同时对付的目标比它们的总和还要多得多。

第四，抗干扰能力强。干扰的原理就是通过发射噪声信号淹没有用的雷达反射信号。抵制干扰的途径有两个：一是削弱噪声，二是增强有用的反射信号。相控阵雷达可以让一部分阵元不发射只接收，将这部分阵元接收的干扰信号提取出来，然后将其他阵元接收的雷达反射信号与干扰信号相减，从而可以大大降低雷达接收的目标反射信号中包含的干扰信号能量强度，减小干扰信号对目标探测的影响。相控阵雷达也可以通过控制每个阵元的相位，将发射信号集中在一个很窄的波束上，这样也使得目标被波束扫描到以后反射回的能量很强，从而击穿干扰。

第五，可靠性高。相控阵雷达的阵元较多且并联使用，即使一个天线上有少量阵元意外失效，它仍然可以正常工作，不会突然完全失效。例如美国的"爱国者"雷达系统，该雷达的天线即使有10％的阵元损坏也不会影响雷达的正常工作，平均故障间隔时间高达上万个小时。

当然，相控阵雷达由于设备十分复杂，造价自然也比较昂贵，典型的相控阵雷达比一般雷达的造价要高出好多倍。相控阵雷达的波束扫描范围有限，最大扫描角为90°～120°，当要进行全方位监视的时候，就需要配置3～4个天线阵面。

三、反导武器系统的"大脑"：指挥控制系统

指挥控制系统是连接预警跟踪系统和拦截武器系统的桥梁，也是反导作战信息处理和指挥决策的神经中枢，不仅决定着反导作战效能的发挥，还深刻影响着反导武器系统的构成和作战样式的发展与演变。指挥控制系统的主要功能是实施作战筹划，掌握空天战场态势，进行辅助决策、威胁判断和作战计划（方案）生成，实施作战资源管理，指挥、控制、协调各种参战力量的作战行动等。

（一）指挥控制系统的结构

根据指挥层级关系，指挥控制系统通常可以分为负责战略指挥决策的任务指挥控制系统和负责拦截作战行动的火力指挥控制系统。任务指挥控制系统可以根据军队指挥体制再进行细分，如美国反导体系任务指挥控制系统可分为战略司令部和战区／区域作战司令部两级。

1.任务指挥控制系统

任务指挥控制系统是国家战略级指挥控制系统的一部分，负责反导作战的具体组织实施，通过通信网络，对分布在地面、太空中的各种预警跟踪设备进行统一管控和调度，使各种装备相互配合，完成拦截作战任务。该系统负责的主要任务包括以下几个方面。

（1）向上级指挥部门申请并接受作战授权。当发现有火箭发射事件后，任务指挥控制系统向上级指挥部门发起作战申请，国家战略级指挥控制系统根据多种情报综合判断是否需要拦截，如果需要拦截则下达作战命令。

（2）信息融合。由于不同预警跟踪设备探测的范围不同且传输的信息种类不一，测定目标位置的精度也不尽相同，如红外预警卫星只能探测目标相对卫星的角度，X 波段雷达的探测精度高，但只能探测地平线以上的目标。任务指挥控制系统须将这些信息综合起来，计算出完整反映所有目标情况的战场态势。

（3）威胁评估与作战计划制定。当有多个目标同时来袭时，需要对目标的攻击威胁进行判断，根据己方的作战部署，制定预警探测计划与目标拦截计划。根据预警探测计划，指挥控制相关预警跟踪设备探测、跟踪、识别弹道导弹目标；根据目标拦截计划，指挥控制相关拦截武器按照目标威胁程度高低对来袭目标实施多层拦截。

（4）评估和统计作战结果。判断来袭目标是否已经被成功拦截，统计故障、战斗损伤以及导弹消耗情况等，并准备再次拦截。

2. 火力指挥控制系统

火力指挥控制系统接收任务指挥控制系统的指令，控制拦截武器系统做好战斗准备；根据任务指挥控制系统发送的作战计划，发射拦截弹，根据目标飞行轨迹控制拦截弹拦截目标。负责的主要任务包括以下几个方面。

（1）计算拦截弹发射的时间、转弯方向等参数，有序控制拦截弹完成发射。

（2）根据目标信息，预测拦截弹与目标的遭遇点，并根据遭遇点位置的变化，计算拦截弹应该机动的方向，并发射制导指令，直到拦截弹上的动能杀伤器能准确跟踪目标。

（3）综合预警跟踪设备及动能杀伤器上的导引头传回的信息，进行目标综合识别。

（4）评估作战结果并上报任务指挥控制系统。

任务指挥控制系统与火力指挥控制系统在功能上可互为备份，必要时可以独立承担指挥控制任务。

（二）指挥控制系统的功能

指挥控制系统由信息传输网连接起来的众多指挥控制计算机组成（图3-15）。指挥控制计算机是指挥控制系统的节点与主要组成部件，主要包括计算机硬件和各种系统软件、应用软件。信息传输网负责将部署在全国的空、天、地基反导作战装备互联，主要完成指挥控制系统内部和对外的所有信息传输与交换，对信息传输的基本要求是实时精确、安全可靠、连续不间断等。信息传输网主要包

图 3-15　美军的反导指挥控制系统

括国防光纤网、卫星通信网、战术数据链以及部分专用通信网络。指挥控制系统的功能主要包括以下几个方面。

1. 态势感知

态势感知主要负责接收和显示导弹防御作战态势，为各级指挥员提供弹道导弹发射点推算值和落点的预测值、目标威胁、参与作战的反导武器系统的状态和能力、反导作战计划的执行情况等信息。具体包括接收和显示反导武器系统作战状态数据，评估作战能力变化动态，监视拦截作战状态，评估反导作战的战果，从而掌控整个反导作战态势。

2. 作战方案制定

作战方案制定用于反导作战各个阶段，主要辅助战略、战区级指挥员进行反导作战筹划，包括战前的反导作战计划优化、战时的实时反导作战规划以及作战过程中的作战方案的动态调整；还可以监控作战计划的执行情况，分析评价作战方案的效果。

反导作战计划优化是通过对预警跟踪系统、拦截武器系统的部署和能力进行分析，结合防御区域面临的各类风险，预先制定反导作战计划。制定的作战计划须经过多次推演、试验以及演习等检验，迭代完善，存入信息库，以备实战时调用。实时反导作战规划是在可用的预先计划基础上，根据战场情况，快速完成作战方案微调，制定适用的作战方案。

3. 作战管理

作战管理通过整合协调各类预警跟踪设备和拦截武器系统，以保证在作战过程中对弹道导弹进行完整的探测、跟踪、识别、拦截和杀伤效果评估，并可控制拦截弹发射。它的功能包括预警跟踪设备资源管理、弹道跟踪管理与分发、协同作战管理三个部分。

预警跟踪设备资源管理主要辅助作战人员控制前沿部署的远程预警雷达，如扩大或缩小雷达搜索范围，启动或终止对某一弹道导弹轨迹的跟踪等。

弹道跟踪管理与分发通过收集早期预警系统和雷达跟踪数据并进行融合处理，以得到比单一雷达更高精度的弹道预报和更准确的目标识别，并将融合后的弹道数据分发至跟踪制导雷达和拦截武器系统用于目标跟踪与作战准备。

协同作战管理主要完成自动化的威胁识别与评估、作战参数制定、拦截弹发射参数计算与装订、火力分配与发射指挥、拦截评估和毁伤评估等。其中，拦截评估是指根据拦截武器系统的运行情况，跟踪数据和态势信息，持续计算拦截概率，形成后续拦截作战建议；毁伤评估是指根据实测信息估计拦截弹对来袭目标的毁伤效果。

四、反导武器系统的"拳头"：拦截武器系统

拦截武器系统在预警跟踪系统的支援下，由指挥控制系统指挥、控制并发射拦截弹，在跟踪制导系统的指引下对来袭目标进行拦截。

拦截武器系统一般由拦截弹、发射系统和辅助保障系统组成。当前反导武器系统的拦截弹对目标的拦截有核爆杀伤、破片杀伤和直接碰撞杀伤三种方式，激光、电磁脉冲等新型拦截技术也正在研究之中。在已应用于实际的武器装备的三种拦截技术中，核爆杀伤技术发展较成熟但附带损伤较大，破片杀伤技术处于不断改进之中，动能杀伤技术是当前的发展主流。

（一）对弹道导弹的拦截方式

1. 核爆杀伤拦截

核爆杀伤拦截是将装有核弹头的拦截弹发射到距弹道导弹一定距离内并引爆核装药，然后通过产生 X 射线或高能中子来摧毁来袭目标。这种拦截弹的核装药大部分是氢弹，当然也有原子弹。

一枚百万吨级的氢弹在 100 千米以上的高空爆炸时，其弹体温度可达千万摄氏度，能量大约有 70% 以高温热 X 射线的形式释放出来，距离爆心 5 千米的来袭弹头表面在极短的时间内接受大量的能量，使来袭弹头表面产生一个指向内部的单向爆炸，其内部温度会急剧升高到 10 万摄氏度，形成压力高达几十万个大气压的冲击波。这个冲击波以每秒上百千米的速度向来袭弹头内部传播，使其内部被击碎以致气化，表面也因冲击波而被气化或熔化。由于空气对 X 射线的吸收作用很强，所以用核爆产生 X 射线摧毁来袭导弹的方式只能是在大气层外或空气稀薄的高空进行。

　　以高能中子为杀伤机理的核弹头通常用于摧毁大气层内的弹道导弹，其爆炸威力在千吨级范围。一般来说，千吨级的核爆炸会产生大量高能中子流和 γ 射线，距其 400 米远的来袭导弹一平方厘米接收的中子可达到数万亿个，中子打到来袭弹头的核材料部分使其发生裂变，再加上高能中子自身携带的能量，可使核材料的温度升得很高而熔化。

2. 破片杀伤拦截

　　战术反导武器系统的拦截弹大都使用常规炸药战斗部，即在拦截弹飞到距弹道导弹的一定距离内时引爆拦截弹战斗部内的普通炸药，产生大量高速飞行、能量极大的金属碎片击毁目标，这样的弹头也叫作破片杀伤弹头。其中，控制拦截弹战斗部起爆的装置叫作引信，其工作原理与雷达类似，通过发射无线电波或激光来测量目标与拦截弹之间的距离，当目标进入拦截弹的杀伤半径时就引爆战斗部内的炸药。早期的破片为"自然破片"，就是在炸药爆炸下战斗部壳体碎裂形成的，虽然初始速度很高，但由于形状不规则，在空气中飞行时速度衰减得很快。后来就将大小和形状比较规则的破片加工成形，嵌埋在拦截弹壳体内部，黏合在炸药周围。炸药爆炸后将破片抛射出去，高速飞散并毁伤目标，破片的形状通常有球形、离散杆及瓦片状等。

　　战术弹道导弹的弹头非常坚硬，需要增大破片质量，才能满足有效摧毁弹头的要求。另外，拦截弹与目标之间的相对运动速度达 10 千米 / 秒，而拦截弹的杀伤半径通常不到 100 米，这就对引信的反应速度提出了很高的要求。同时，为了防止意外起爆，还需要安装保险装置。这样一来，拦截弹弹头就变得非常笨重，其速度和机动能力大受影响。

受射程和速度的限制，破片杀伤拦截弹较难适应拦截远程弹道导弹的要求，一般只能在大气层内较低的高度防御来袭导弹。此外，破片只能对弹头起局部破坏作用，难以实现彻底摧毁，尤其是带有核、生、化材料的大规模杀伤弹头更是如此。俄罗斯的 C-400 防空反导拦截弹使用的就是这种杀伤方式。

3. 直接碰撞杀伤拦截

用核导弹来拦截来袭导弹，即使在距离地面几十千米甚至数百千米的高空甚至太空，核爆炸给大气环境和地面环境造成的破坏仍是不可能完全避免的。用破片杀伤的方式拦截高速目标，对拦截弹的要求特别高，而且拦截效果不佳。对此，科学家提出了直接碰撞杀伤的方案，这样的武器也被称为动能武器。

直接碰撞杀伤技术就是在拦截弹上不使用战斗部爆炸，而是借助拦截器高速飞行时所产生的巨大动能，通过直接碰撞摧毁来袭目标。

直接碰撞杀伤是一种革命性的作战概念，它对武器精度有极高的要求。通过实现一个弹头击中另一个弹头的设计，在作战过程中不需要引信和战斗部配合，从而可以取消爆炸装药弹头，既提高了可靠性，又减轻了拦截弹战斗部的重量，使拦截弹更加轻便，飞得更远。

动能武器毁伤目标的能量与弹头质量大小及其飞行速度的平方成正比，弹头的飞行速度提高 1 倍，其杀伤动能就增大为原来的 4 倍。在助推火箭推力一定的情况下，拦截弹越小，其速度越高，杀伤能力越强。一枚重 25 千克的动能弹头在击中目标弹头时，由于双方都处于高速飞行中，可以产生相当于 1 吨高爆物质所产生的破坏力。迄今还没有任何拦截弹能够携带这么多的常规炸药。

采用直接碰撞杀伤拦截的飞行器称为动能杀伤器，又叫动能杀伤拦截器。目前，动能杀伤器已成为世界各国反弹道导弹的核心杀伤技术和手段。图3-16是美国"标准-3"导弹（Standard Missile 3，SM-3）的动能杀伤器。

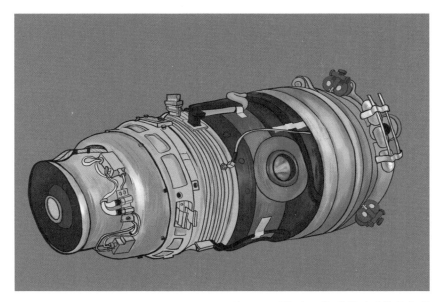

图3-16 "标准-3"导弹的动能杀伤器

（二）拦截武器系统的组成

1. 发射设备

发射设备主要由发射架（车）和控制舱设备组成。按照指挥控制系统的指令，发射设备完成拦截弹加电、发射参数装订和拦截弹发射等任务。

2. 综合保障系统

综合保障系统属于支援作战系统，不直接参与作战，主要由运输装填设备、能源供电设备、维护检测设备、模拟训练设备和勤务保障设备等组成。综合保障系统负责完成拦截弹的运输装卸、维修检测、供电、模拟训练和大地测量、方位标定等任务，为反导提供重要的物质、电能等基础和条件。

3. 拦截弹

拦截弹是整个反导武器系统实现目标拦截的直接元素，通常包括助推器、级间装置和动能杀伤器三部分。图3-17为"标准-3"导弹动能杀伤器的结构组成。

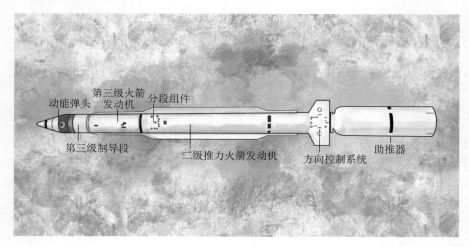

图 3-17 "标准-3"导弹动能杀伤器的结构示意图

动能杀伤器是拦截弹的核心，一般由作为"眼睛"的探测设备，作为"大脑"和"神经"的制导设备，以及作为"脖子"和"腿"的姿态与轨道控制系统组成（图3-18），有的还有类似于"球拍"的辅助杀伤装置。

（1）探测设备

探测设备（又称为寻的头、导引头）是动能杀伤器的"眼睛"，其主要功能是捕获和跟踪目标，测量目标相对于拦截器的方位角和方位角的变化率，并对目标进行成像和识别。就像网球运动员在

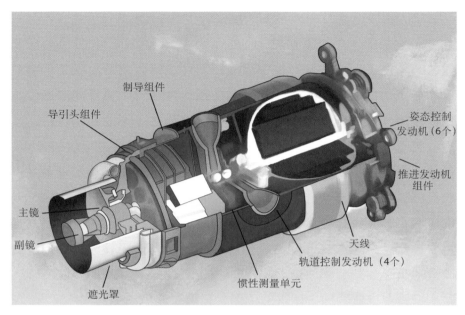

图 3-18 "标准 -3"导弹动能拦截器结构示意图

发现运动的网球后，眼睛会盯着网球，并根据视线转动的速度来判断网球运动的方向和速度一样。为了实现高精度测量和跟踪，导引头需要以高达 100 次 / 秒的速度向制导设备提供目标的方向测量信息。

根据作战任务和作战环境的不同，不同的动能杀伤器通常采用不同的探测设备，主要有红外（短波红外、中波红外和长波红外）探测设备和毫米波探测设备。面对以假乱真的诱饵，动能拦截弹单纯依靠某一类探测设备不可能完成对目标的探测、识别和精密跟踪任务，这就需要增加能够测量目标不同特性的探测器，并将多部探测器所测得的目标特性数据最佳地融合起来，以提高动能杀伤器识别真假目标的能力。自 20 世纪 80 年代开始，动能杀伤器上就开始增加可见光、紫外及激光雷达等探测器。

（2）制导设备

制导设备是动能杀伤器的"大脑"和"神经"，由惯性测量装置、通信设备、弹载计算机等组成。惯性测量装置的主要功能是测量动能杀伤器的运动状态，提供动能杀伤器在空中飞行的精确位置和速度等数据。通信设备用于接收外部探测器（如地面制导雷达或拦截弹母舱）提供的目标信息，以及由指挥控制系统提供的指令。弹载计算机是动能杀伤器的"大脑"，负责接收和处理探测设备提供的目标信息，以及惯性测量装置提供的动能杀伤器的运动信息，判别真假目标，选择拦截点并计算最优的拦截飞行轨迹，指挥姿态与轨道控制系统工作，使动能杀伤器准确地飞向目标并与其相撞。就像运动员必须判断网球运动的方向和速度，预测出网球运动的轨迹，并根据距离远近预计击球点的位置，计算应该运动的方向和速度。

弹载计算机必须处理导引头每秒数万份的测量数据，并非常准确地计算出目标的位置和方向，甚至计算出需要碰撞来袭导弹弹头的位置以实现完全摧毁。另外，还需要利用导引头和惯性测量装置的数据，确定动能杀伤器飞行路线修正方法，以碰撞到来袭的导弹。这就要求弹载计算机每秒钟进行几千万次的计算，同时以每秒50 ～ 100次的频率更新动能杀伤器的控制指令。

（3）姿态与轨道控制系统

姿态与轨道控制系统相当于动能杀伤器的"脖子"和"腿"。在大气层外，由于没有空气动力的作用，动能杀伤器只能依靠姿态、轨道控制发动机产生的推力进行姿态和位置的控制。姿态与轨道控制系统包含两组小发动机（图3-19）。一组发动机用于动能杀伤器俯仰、偏航和滚动运动的控制，使动能杀伤器的导引头一直指向目标，就像网球运动员通过转动脖子使眼睛总是盯着飞行中的网球一

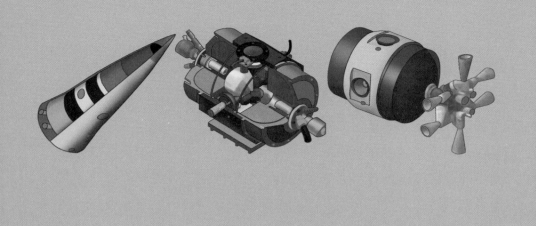

图3-19 动能杀伤器姿态与轨道控制系统

样，这样的发动机称为姿态控制发动机，姿态控制发动机一般有4～8个。另一组发动机用于改变动能杀伤器的速度大小和方向，从而修正动能杀伤器的轨道，就像网球运动员通过快速跑动来实现对网球的截击一样，这样的发动机称为变轨发动机或轨道控制发动机。轨道控制发动机一般有4个，均匀地安装在动能杀伤器质心的周围。

当动能杀伤器的导引头捕获并稳定跟踪弹道导弹弹头后，动能杀伤器上的制导系统就会根据来自导引头和惯性测量装置的信息进行比较计算，形成的开关控制指令，经信号放大器放大后控制姿态控制发动机和轨道控制发动机快速地频繁启动或关机，以产生适当的推力来消除动能杀伤器在飞行过程中的姿态偏差、视线跟踪偏差和位置偏差，按预定的拦截策略控制动能杀伤器的飞行轨迹，并保持动能杀伤器的探测器始终对准目标，从而实现对目标的拦截。为实现直接碰撞杀伤，姿态控制发动机及轨道控制发动机需要在指令发出后10～50毫秒的时间内启动或关机，因此，它是动能杀伤器实现精准命中目标的重要组成部分。

（4）辅助杀伤装置

就像网球运动员用大的球拍能提高击球的成功率一样，辅助杀伤装置能提高动能杀伤器摧毁来袭弹头的概率。研究人员通过试验发现，采用直接碰撞杀伤器方式拦截目标时，只有撞击目标最佳瞄准点附近区域，才对目标具有较大的杀伤效果。弹道导弹机动变轨导致的雷达跟踪探测误差、动能杀伤器制导误差，以及姿态与轨道控制系统反应滞后导致的控制误差，都会影响动能拦截器的碰撞杀伤效果。对此，研究人员在动能杀伤器上增加杀伤增强器，以提高对目标的杀伤能力。

在动能杀伤器即将命中来袭弹头时，它的控制系统就会发出控制指令，杀伤增强拦截器就像自动雨伞一样撑起多根金属杆或质量块（图3-20），即使存在一定的脱靶量，也能实现对来袭弹头的拦截。

图 3-20　固定臂式杀伤增强拦截器

五、反导拦截的作战过程：环环相扣

反导武器系统对来袭弹道导弹进行拦截的典型作战过程如图 3-21 所示。

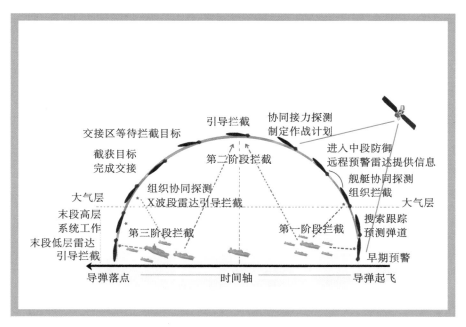

图 3-21　典型的反导系统工作流程

1.预警系统对目标进行捕获与跟踪

弹道导弹发射后，预警卫星发现、跟踪来袭的弹道导弹目标，并向远程地面／海上预警雷达指示目标。地面／海上预警雷达在预警卫星信息的支持下捕获、跟踪目标，并向作战指挥中心上报预警信息。

2.战略决策与作战授权

作战指挥中心根据预警信息对来袭目标进行分析，确认目标为弹道导弹，发布发射告警信息；指挥控制系统给出来袭目标的数量、弹道轨迹等信息，计算目标的落地时间、弹着点等；确定有威胁后，向相关武器系统下达反导拦截作战授权。

3. 作战计划制定

指挥控制系统根据拦截作战任务要求，对预警卫星和地面/海上雷达进行控制，使其调整搜索方式和范围，对目标进行协同探测；持续对不同预警探测器提供的目标飞行弹道数据进行融合处理，计算完整的目标运动轨迹；根据来袭目标的数量、种类、距离、速度等信息，判断每个目标的威胁大小并确定拦截的顺序；根据弹头的类型、落地时间以及拦截武器系统阵地的部署情况和拦截武器的特性等因素，制定最佳的火力分配方案。

4. 目标跟踪识别

目标识别雷达对目标进行识别，剔除诱饵、干扰等假目标，并将目标特征数据传送给任务指挥控制系统和相应的火力指挥控制系统。任务指挥控制系统根据目标特征数据，进行目标类型的综合识别，识别出真弹头，确定拦截对象，并向火力指挥控制系统下达目标指示。跟踪制导雷达按照火力指挥控制系统的任务指令，捕获并连续跟踪弹头目标。

5. 拦截弹作战准备和发射

火力指挥控制系统计算拦截弹飞行弹道和预测命中点，生成指令通信计划，在计划发射时刻前一段时间下达拦截弹作战准备命令。拦截弹进行加电自检、瞄准，设定发射和控制参数，完成战斗准备，在火力指挥控制系统的控制下发射。

6. 拦截弹制导飞行过程

一枚或数枚拦截弹发射后，制导雷达对其连续跟踪制导，把获取的最新的目标弹道和特征数据传输给拦截弹，同时将跟踪数据发往火力指挥控制系统。火力指挥控制系统综合来袭弹头和拦截导弹的飞行运动参数，精确计算弹头的弹道参数、命中点以及拦截弹道，预测遭遇点，向拦截弹适时发出目标数据，以及对拦截弹弹道和瞄准数据进行修正的控制指令（可进行多次修正）。

制导雷达引导拦截弹飞向目标，动能杀伤器与拦截弹弹体在适当时候分离，并完成导引头开机和对目标的捕获。动能杀伤器自动飞向目标，并根据相对目标位置的变化等参数向姿态与轨道控制发动机发送指令，调整动能杀伤器的姿态和运动方向，与目标易损部位相撞，将其摧毁（或制导雷达下达引爆指令，引爆破片杀伤战斗部以摧毁目标）。

7. 杀伤效果评估和二次拦截决策

火力指挥控制系统根据制导雷达探测信息进行杀伤效果评估，并将评估结果上报任务指挥控制系统。任务指挥控制系统根据远程预警雷达、跟踪识别雷达等的探测信息，完成杀伤效果的综合评估和二次拦截决策，适时释放预警跟踪装备资源。

8. 战斗结果统计和再次战斗准备

反导作战结束后，任务指挥控制系统对战斗结果进行统计，并根据设备故障、战斗损伤及拦截弹消耗情况等，进行下一次战斗准备。

第四章

现役典型反导武器系统：各领风骚

他山之石，可以攻玉。

——《诗经·小雅·鹤鸣》

美国致力于打造多层次、多手段的全球一体化反导体系，反导体系保卫区覆盖美国本土、主要盟友以及海外战区军事基地，可防御射程从数百千米的近程弹道导弹至上万千米的洲际弹道导弹。已担负战斗值班任务的反导武器系统主要包括地基中段防御系统、陆基 / 海基"宙斯盾"系统、末段高空区域防御系统和末段低层反导武器系统"爱国者-3"。

俄罗斯在苏联反导体系的基础上也建立起自己的反导体系，不过当前俄罗斯弹道导弹防御的主要任务是保卫莫斯科中心工业区，其次是对付有限规模的弹道导弹袭击。根据作战任务的不同，俄罗斯的反导武器系统可分为战略反导武器系统（拦截敌方战略弹道导弹，主要系统有"A-135""A-235"）和战术反导武器系统（拦截敌方战术弹道导弹，主要系统有"C-300"系列、"C-400"）。

从作战能力来看，目前俄罗斯战术反导武器系统中的"C-400"的性能优于美国"爱国者-3"，但其中段反导武器系统的性能与美国差距较大。俄罗斯只有陆基反导武器系统，并且最新的"A-235"系统还是没有放弃核拦截的方法，而美国使用的是更加精准、安全的动能拦截技术；在预警跟踪系统方面，俄罗斯受国力及环境所限不能前沿布置大量雷达，预警能力不足（特别是在海基机动预警方面）；在指挥控制系统方面，目前俄罗斯还处于各反导武器系统各自为战的阶段，未能实现系统整合。

本章针对中段反导武器系统、末段高层反导武器系统和末段低层反导武器系统，选择美国地基中段防御系统、末段高空区域防御系统和俄罗斯"C-400"防空反导武器系统作为典型进行介绍。

一、美国地基中段防御系统

地基中段防御系统是美国研制的一种固定式地基反导武器系统，旨在保护美国大陆、阿拉斯加和夏威夷免遭远程弹道导弹的攻击，属于美国整个反导体系中段防御的陆基部分。

地基中段防御系统的关键系统包括预警跟踪系统、制导和通信系统、拦截弹及发射系统。美国导弹防御局负责系统研制管理，美国波音（Boeing）公司为主承包商，负责系统设计、开发和集成；轨道 ATK 公司［已被诺斯罗普·格鲁曼（Northrop Grumman）公司收购］负责地基拦截弹推进系统研发；美国雷神（Raytheon）公司负责动能杀伤器研发；诺斯罗普·格鲁曼公司负责制导系统和通信系统研发。

地基中段防御系统是在国家导弹防御系统基础上发展的，采用边研制、边试验、边部署、边升级的发展模式。1992 年开始研制地基拦截弹，1998 年波音公司被选定为地基中段防御系统主承包商，进行系统研发与集成。在宣布退出《反导条约》6 个月后，2002 年6 月美国正式退出《反导条约》，将国家弹道导弹防御系统更名为地基中段防御系统，并于 2004 年 7 月在阿拉斯加州格里利堡反导基地部署了首枚地基中段拦截弹。

（一）预警跟踪系统

地基中段防御系统的预警跟踪系统由公共预警跟踪系统和专属预警跟踪系统两部分组成。公共预警跟踪系统为所有反导武器系统提供预警信息，主要包括预警卫星、早期预警雷达、靠近前线部署的 AN/TPY-2 雷达；地基中段防御系统的专属预警跟踪系统有海基

X 波段雷达。

1. 预警卫星

目前，美国反导预警卫星包括"国防支援计划"卫星系统、"天基红外系统"和"空间跟踪与监视系统"。

（1）"国防支援计划"卫星系统

"国防支援计划"卫星系统是美国第一种实战部署的预警卫星系统，该系统已发展 3 代共 20 余颗卫星，目前仅有 5 颗卫星在轨服役，其中 4 颗为工作星，1 颗为备用星。"国防支援计划"卫星分布在全球上空（表 4-1）。

表 4-1　在轨服役的"国防支援计划"卫星发射时间和布设区

卫星	DSP-16	DSP-17	DSP-18	DSP-20	DSP-21
发射时间	1991-11-24	1994-12-22	1997-02-23	2000-05-08	2001-08-06
布设区	印度洋	中东	大西洋	太平洋	欧洲

"国防支援计划"卫星系统现役 4 颗工作星的位置是：西经 37°（大西洋）、东经 10°（欧洲）、东经 69°（东半球和印度洋）和西经 152°（太平洋），备份星定点于东经 110°（印度洋东部）。当有更多的卫星时，这种设计能确保有两颗以上的卫星对同一区域进行监视，协同扫描频率更快，可提供立体的导弹尾焰信号特征数据。"国防支援计划"卫星红外系统的结构和工作方式见图 4-1。

"国防支援计划"卫星经过 4 次改进，性能不断提升，由最初只能用于探测战略弹道导弹发射，到 1991 年海湾战争时已经具备探测战区弹道导弹发射的能力。卫星上搭载有红外望远镜、紫外跟踪探测器、星球探测器和激光通信系统等设备。其中，主探测器能接收 2.7 微米和 4.3 微米两个波段的红外线，前者用于导弹点火监测，后者用于导弹轨迹监测，地面分辨率为 3 ～ 5 千米。红外系统视场

由独立的红外传感器
单元组成的线状阵列

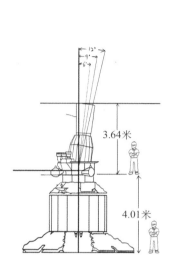

3.64米

4.01米

图 4-1 "国防支援计划"卫星红外系统的结构和工作方式

角为 12°，光轴与卫星自旋轴夹角为 6°，随着卫星的自旋，红外探测器阵列每分钟扫描地球表面 6 次。对各种导弹的预警时间分别为：洲际弹道导弹 25 ～ 30 分钟、潜射弹道导弹 10 ～ 15 分钟、战术弹道导弹 4 分钟以上。

"国防支援计划"卫星研制时间较早，随着弹道导弹突防技术（如诱饵、中段机动、多弹头等）的发展，由于其具有扫描速度慢、虚警率高、预警时间短且无法跟踪中段飞行中的导弹等缺点，在性能上已无法满足当前和未来反导作战的需要。

（2）天基红外系统

1995 年，美国提出发展"天基红外系统"，以取代"国防支援计划"卫星，最初目标是构建由 4 颗地球静止轨道卫星、2 颗大椭圆轨道卫星和 24 颗低轨道卫星组成的新一代预警卫星系统星座（图 4-2）。2002 年，"天基红外系统"低轨卫星计划因耗资过大而被取消，高

图 4-2 "天基红外系统"卫星轨道

轨部分仍由美国空军负责，整个系统于 2017 年 9 月完成发射。

"天基红外系统"地球静止轨道卫星主要用于探测和跟踪处于助推段的弹道导弹，带有扫描型和凝视型两种红外探测器。扫描型红外探测器用于对地球南北半球进行大范围扫描，通过探测导弹发射时喷出的尾焰监视导弹发射情况；凝视型红外探测器用于将导弹的发射画面拉近放大，并紧盯可疑目标，获取详细的目标信息。两种探测器独立接受任务指令，既可以对广大区域进行扫视，又可以对重点区域进行详细观察。大椭圆轨道卫星用于将系统的预警覆盖范围扩展到南北两极。

扫描型和凝视型红外探测器相结合，使"天基红外系统"的扫描速度与灵敏度比"国防支援计划"卫星提高了 10 倍以上，能够穿透大气层探测到刚点火的弹道导弹，在弹道导弹发射后 10 ～ 20 秒内将警报信息传送给地面指挥控制系统。

（3）空间跟踪与监视系统

"天基红外系统"低轨部分起初由美国空军主管，2002年更名为"空间跟踪与监视系统"，并移交给导弹防御局。"空间跟踪与监视系统"计划的目标是对弹道导弹飞行轨迹进行全程跟踪和探测，对真假弹头进行区分，将跟踪数据传输给指挥控制系统，以引导雷达跟踪目标，并提供拦截效果评估。由于技术风险和经费投入过大，美国国会仅批准先发射两颗卫星进行技术演示验证试验。

"空间跟踪与监视系统"卫星搭载了捕获探测器和跟踪探测器。捕获探测器是一种宽视场扫描型短波红外探测器，可通过观察导弹尾焰来探测处于助推段的导弹，一旦捕获探测器锁定目标，就将信息传送给跟踪探测器。跟踪探测器是一种窄视场、凝视型多光谱（中波红外、中长波红外、长波红外及可见光）探测器，可以锁定并跟踪处于中段和末段的目标。整个"空间跟踪与监视系统"星座利用卫星内部的星间通信链路连接在一起（图4-3）。

2002年8月，美国导弹防御局与诺斯罗普·格鲁曼公司签订了价值8.69亿美元的合同，研制两颗演示验证卫星，并建造地面控制站等。2009年9月，两颗演示验证卫星全部完成发射。

2011年4月，"空间跟踪与监视系统"的一颗卫星捕获到处于飞行中段的靶弹，利用星间链路提示另一颗卫星进行跟踪，首次演示验证了对弹道导弹的全程跟踪能力。2013年2月，在美国导弹防御局和海军进行的导弹飞行试验中，"空间跟踪与监视系统"卫星利用其精确的跟踪能力，首次为"宙斯盾"系统提供了目标指示，并控制"标准-3"拦截弹发射。"空间跟踪与监视系统"使"宙斯盾"系统有能力在靶弹进入雷达探测范围前发射拦截弹，扩大了导弹防

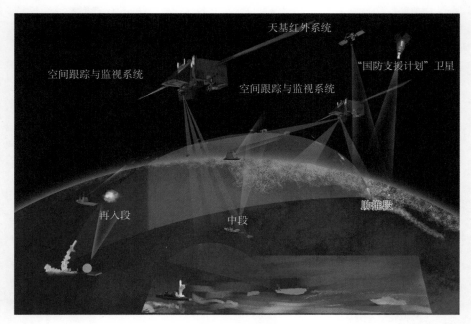

图 4-3　美国"空间跟踪与监视系统"卫星在轨飞行示意图

御范围，提高了拦截精度。

2. 地面雷达

20 世纪 50 年代，美国战略预警的重点是携带核弹的亚音速战略轰炸机。1957 年，苏联先于美国发射了洲际弹道导弹，使战略进攻形势发生了重大变化，对装有核弹头、速度快、弹道高、射程远的洲际弹道导弹的防御成为突出问题。1971 年，美国在马萨诸塞州和加利福尼亚州部署了第一批"铺路爪"中远程预警雷达，主要用于探测从大西洋和太平洋的潜艇上发射的弹道导弹。70 年代后期，美国战略预警开始向多元化和高技术化方向发展，重点项目包括预警机、预警卫星和大型相控阵雷达。

（1）美国"铺路爪"中远程预警雷达

"铺路爪"（图 4-4）的英文名 PAVE PAWS，其中"PAVE"

（a）"铺路爪"雷达正面

（b）"铺路爪"雷达侧面

图 4-4　"铺路爪"雷达

是美国空军对电子系统的计划代号、"PAWS"是 Phased Array Warning System（相控阵列预警系统）的缩写。它由美国雷神公司制造，是收发合一的有源相控阵雷达，主要采用双面阵天线，所有设备安装在一座 32 米高的多层建筑物内，工作频段为 420 ~ 450 兆赫（P 波段），单个阵面可覆盖 120° 方位，对雷达散射截面为 1 平方米的目标探测距离约 4800 千米。通过探测导弹的弹道、发射点，计算出导弹落点的位置，来提供弹道导弹来袭的预警情报，也可以用于监视卫星等空间目标。"铺路爪"的早期型号为 AN/FPS-115，后经若干次升级，现役主要型号为 AN/FPS-132。"铺路爪"雷达在全球共部署了 7 部，其中 5 部属于美国（型号均为 AN/FPS-132），分别部署在阿拉斯加科利尔空军基地、马萨诸塞州科德角空军基地、加利福尼亚比尔空军基地、丹麦格陵兰岛图勒空军基地、英国菲林代尔斯皇家空军基地，1 部部署于卡塔尔（型号为 AN/FPS-132），1 部部署于我国台湾乐山（型号为 AN/FPS-115）。

自 1980 年初投入使用以来，"铺路爪"雷达经过多次升级改造，目前已经发展到了三代。自美国超视距雷达拆解后，该雷达成为美国反导早期预警雷达的主力。1990 年开始升级为第二代——"弹道导弹预警系统"雷达，该雷达在大幅保留原有设备的基础上对硬件和软件进行了部分升级以便纳入地基反导系统。2009 年后，美国雷神公司将"铺路爪"雷达升级到第三代——改进型预警雷达。升级的目的在于扩大雷达的探测范围，对地平线附近的小目标进行探测、跟踪和识别，提高雷达跟踪精度，增强对目标威胁的评估能力，并增加了雷达与国家导弹防御指挥系统的实时通信功能。"铺路爪"系列雷达的性能参数对比如表 4-2 所示。

表 4-2 "铺路爪"系列雷达性能参数对比

项目	第一代	第二代	第三代
工作频率	420 ～ 450 兆赫范围内的 24 个频率点		
工作波长 / 厘米	67 ～ 71		
阵面夹角 / 度	60		
阵面倾角 / 度	20		
天线直径 / 米	22	25.6	31
天线面积 / 平方米	384	515	755
有源阵元数 / 个	1792	2560	3584
无源阵元数 / 个	885	609	1770
单面的峰值功率 / 千瓦	582	870	1165
单面的平均功率 / 千瓦	146	218	291
方位 / 俯仰波束宽度 / 度	2/2.2	2	1.5
探测（搜索）距离 / 千米	2609	3547	4138
测距精度 / 米	10.234	1.0234 ～ 2.0469	0.3411
横向分辨率 / 千米	75	70	52
粗测角精度 / 度	0.1912	0.1738	0.1304
精测角精度 / 度	0.07 ～ 0.11	0.0667 ～ 0.1	0.05 ～ 0.075

（2）"丹麦眼镜蛇"相控阵雷达

"丹麦眼镜蛇"相控阵雷达是美国雷神公司在阿拉斯加艾瑞克森空军基地（距离苏联仅 800 千米）为美国空军建造的 L 波段相控阵雷达（型号为 AN/FPS-108），由于其工程代号为"丹麦眼镜蛇"，因此人们习惯地称这部雷达为"丹麦眼镜蛇"。它面向俄罗斯堪察加半岛，可以对洲际弹道导弹的中段进行预警，对再入飞行器和其他导弹目标进行识别与跟踪，将数据发送到位于彼得森空军基地的美国空军航天司令部（Air Force Space Command，AFSC）。

"丹麦眼镜蛇"相控阵雷达（图4-5）高36米，天线直径为29米，共有34 768个阵元，其中15 360为有源阵元，其余为无源阵元。为了获得高的距离分辨力，天线单元被分为96个子阵，每个子阵有160个辐射阵元。雷达的峰值功率为15.4兆瓦，平均功率为920千瓦，可以探测2000英里①外的物体。"丹麦眼镜蛇"雷达的设计要求是测距精度为4.6米，测角精度为0.05°。

相比其他工作在P波段（420～450兆赫）的预警雷达，"丹麦眼镜蛇"雷达的工作频率更高，对于尺寸为5厘米或更小的目标，雷达波照射下所产生的回波比其他雷达强60多倍。

"丹麦眼镜蛇"相控阵雷达于1977年投入使用，起初的主要任务是监视苏联的弹道导弹试验，辅助进行预警和空间监视。从20世纪90年代开始，美国对"丹麦眼镜蛇"相控阵雷达

———————

① 1英里 =1609.344 米。

进行了多次改进。1994 年 4 月之前，其一直和空间监视网络连接，是空间监视网络的一部分，后来由于预算问题，它与空间监视网络通信中心的连接被关闭。1999 年，"丹麦眼镜蛇"相控阵雷达在一次实验中于空间小碎片跟踪方面表现突出，同年 10 月又被重新接入空间监视网络。但是为了降低运行成本，"丹麦眼镜蛇"相控阵雷达将功率降为额定功率的 1/4，当有弹道导弹试验时，它能够在 30 秒内恢复到全功率工作状态。从 2003 年 3 月开始，"丹麦眼镜蛇"相控阵雷达重新开始全功率工作，成为空

图 4-5 "丹麦眼镜蛇"相控阵雷达

间监视网络中的一个探测器。该雷达既可以跟踪责任区域内中段飞行的导弹目标，也可以作为美国地基中段防御系统的制导雷达。

（3）AN/TPY-2 雷达

AN/TPY-2 雷达（图 4-6）工作在 X 波段，探测距离远、精度高。有两种部署模式，既可单独部署成为早期弹道导弹预警雷达（前置部署模式），也可作为"萨德"系统的制导跟踪雷达。当工作在前置部署模式时，它能够接

图 4-6 AN/TPY-2 雷达

收来自早期预警卫星的提示信息，远程截获、精密跟踪和精确识别各类弹道导弹，对处于初始段的弹道导弹进行探测和跟踪、威胁评估，从而增强对弹道导弹发射的早期预警能力。

AN/TPY-2 雷达天线面积为 9.2 平方米，拥有 72 个子阵列，每个子阵列有 44 个发射 / 接收模块，每个模块有 8 个阵元，共有 25 344 个阵元。单个阵元峰值功率可达 16 瓦特，雷达平均功率为 60 ~ 80 千瓦，对雷达反射截面积为 1 平方米的目标探测距离达 1500 千米。

（4）海基 X 波段雷达

海基 X 波段雷达（图 4-7）是一种浮动式、由螺旋桨推进的机动雷达站，用于对中段飞行的目标进行识别，部署在埃达克岛（Adak Island）附近的太平洋水域。该雷达系统在发现来袭的弹道导弹后，将来袭导弹的相关数据发往指挥中心以及位于阿拉斯加和加利福尼亚的反导部队。海基 X 波段雷达采用有源相控阵列技术，呈八角形平面

图 4-7　海基 X 波段雷达

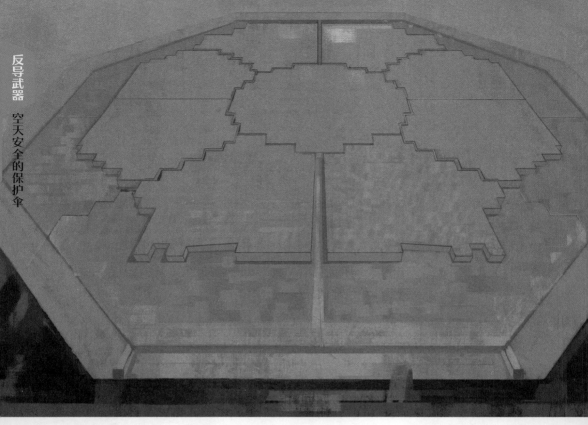

图 4-8　海基 X 波段雷达天线

阵列，直径约 26 米，天线面积约 248 平方米，总重量 1814 吨，共有 45 000 个天线阵元（图 4-8），雷达波长在 3 厘米以下。这些阵元共同工作形成一个很窄的雷达波束，将绝大部分能量集中在主波束里，通过采用先进的雷达信号处理技术，可以探测到 4500 千米外棒球大小的物体。

海基 X 波段雷达架设在一个巨大的海上平台上，这个平台由挪威设计、俄罗斯制造的移动海底石油钻探平台改造而成，属于半潜水半推进平台，其底部是两个平行船体，每个船体上有 3 根巨大支柱，共同支撑顶部平台。整个系统的排水量达 5 万吨，相当于一艘中型航空母舰。从海面到雷达顶部的高度超过 80 米，相当于 28 层楼高。平台长 119 米，宽约 72 米，大小超过一个足球场的面积，并装配有居住舱、工作间、发电站、驾驶室以及一体化战斗指挥控制和通信系统。半潜式平台能以 11 千米 / 小时的速度航行，可以根据需要部署到全球各个海域。

（二）指挥控制系统

在介绍地基中段防御系统的指挥控制系统之前，有必要先介绍一下美国的 C2BMC 系统。该系统最初由美国导弹防御局前局长、空军中将罗纳德·卡迪什提出，目的是通过它把"宙斯盾"反导系统、地基中段防御系统、前沿部署的 X 波段雷达系统等联为一体，构成一个全球弹道导弹防御网。最终目标是利用该系统，指挥员可以在任何地区，把任意探测器和任意拦截武器连接起来，应对任何规模、任何类型的攻击。

C2BMC 系统能够接收、处理和显示从各类预警跟踪设备与拦截武器系统得到的目标飞行轨迹及战场信息数据，它可分为全球司令部、作战司令部和拦截武器系统三级，其指挥架构大致如图 4-9 所示。

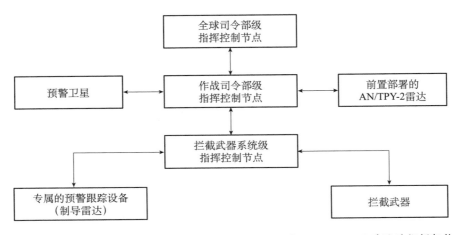

图 4-9　C2BMC 系统的指挥架构

其中，全球司令部级指挥控制节点是指国家指挥当局和战略司令部，主要从下级节点接收全球弹道导弹防御态势和威胁目标概略信息，并从战略层面统筹、规划、决策和执行全球弹道导弹防御的相关活动。它不直接参与具体的预警跟踪设备和拦截武器系统的管控，更多的是对作战司令部级指挥控制节点的指导。

作战司令部级指挥控制节点指各大战区司令部、区域作战司令部、基地和中心，主要从指挥层面对所属的拦截武器系统和公用预警跟踪设备进行管控，通过获取弹道导弹预警与目标信息，保障弹道导弹防御筹划和作战。

拦截武器系统级指挥控制节点指拦截武器系统内部的指挥控制单元，主要从执行层面对拦截武器系统内部的专属预警跟踪设备和拦截弹进行控制。

"萨德"系统内的 AN/TPY-2 雷达和地基中段防御系统中的海基 X 波段雷达等均为专属预警跟踪设备，它们只受拦截武器系统的指挥控制单元管控。"国防支援计划"卫星系统、"天基红外系统"和前置部署的 AN/TPY-2 雷达是直接连接到作战司令部级 C2BMC 系统节点的公用预警跟踪设备。

在这样的架构之下，依靠强大的一体化通信和信息处理能力，C2BMC 系统可以对各个预警跟踪设备获取的目标跟踪数据和态势数据进行收集、处理与融合，为不同级别、不同地区的指挥官提供统一的一体化作战视图，支持不同层级武器系统的协同决策。

地基中段防御系统的指挥控制系统主要由火力控制与通信网络实施，与 C2BMC 系统连接，借助卫星通信、光缆通信和飞行中拦截弹通信系统，把地基中段防御系统的各个组成部分联系在一起协调工作，包括接收各种探测器获取的数据，分析来袭导弹的各种参数，计算最佳的拦截点，引导雷达捕获与跟踪目标，下达发射拦截弹命令，向飞行中的拦截弹提供修正的目标信息，评价拦截成功与否。

火力控制系统是管理地基中段防御系统的软件。通过国防卫星通信系统接收分布于全球不同位置的探测器获取的信息，进行威胁分析与排序，确定拦截对象、拦截模式和次数，制定早期预警雷达和海基 X 波段雷达探测计划、地基中段防御系统拦截计划和飞行中拦截弹通信指令通信计划，综合调度跨地域分布式作战资源，给出预测拦截点和相应的发射诸元。火力控制系统实时中继目标飞行数据，通过飞行数据终端发送给动能杀伤器。

通信网络实现地基中段防御系统各要素的集成、同步，还可以通过 C2BMC 系统接收信息，使系统的 AN/SPY-1 雷达以及前置部署的 AN/TPY-2 雷达为地基中段防御系统提供信息支持。

飞行中拦截弹通信系统为地基中段拦截弹提供通信链路，在外大气层杀伤器与指挥控制、作战管理系统之间传递信息，具有飞行目标数据修正、目标显示、武器态势信息通报等功能。

（三）拦截武器系统

地基中段拦截弹（图 4-10）的发射方式为地下井垂直发射。拦截弹主要由二级或三级助推火箭、动能杀伤器及相应的地面指挥设备组成。其中，助推火箭将动能杀伤器（外大气层杀伤器）发射到空间预定空域；动能杀伤器能够自主追踪目标，利用高速飞行产生的巨大动能，以直接碰撞方式摧毁来袭弹道导弹，其性能指标如表 4-3 所示。

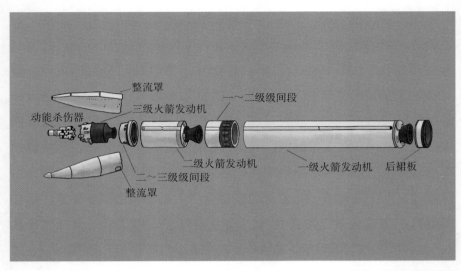

整流罩

三级火箭发动机

一～二级级间段

动能杀伤器

二级火箭发动机

一级火箭发动机　后裙板

二～三级级间段

整流罩

图 4-10　地基中段拦截弹结构图

表 4-3　地基中段拦截弹的主要战术技术性能

项目		指标
最大作战距离 / 千米		5000
最小作战距离 / 千米		1000
最大作战高度 / 千米		2500
马赫数		24.4
杀伤概率		单发＞70%
制导体制		惯性导航＋指令修正＋末段可见光与双色红外制导
发射方式		地下井垂直发射
弹长 / 米		16.61
弹径 / 米		1.27
发射质量 / 吨		21.6
动力装置		三级固体火箭发动机
战斗部	类型	外大气层杀伤器，直接碰撞动能杀伤
	质量 / 千克	64

图 4-11　外大气层杀伤器及其外罩

外大气层杀伤器（图 4-11）由美国雷神公司研制，长约 1100 毫米，最大直径约 610 毫米，质量约 50 千克，由导引头、推进系统、制导设备和姿态与轨道控制系统组成（图 4-12）。

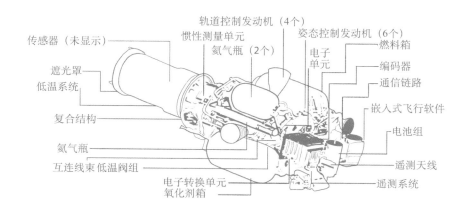

图 4-12　外大气层杀伤器的结构

为了在复杂的目标群中识别、选择要攻击的目标弹头，导引头采用了 3 个 256×256 元的焦平面阵列（包括 1 个用来探测可见光的焦平面阵列和 2 个探测不同波长红外波段的焦平面阵列），每个焦平面阵列都有独立的电子器件和信号处理电路。

制导设备主要由信号处理器、惯性测量装置和数字处理器等组成。信号处理器负责处理导引头获取的目标数据，并准确计算出目标方位；惯性测量装置负责测量外大气层杀伤器的精确位置和速度；数字处理器负责处理信号处理器和惯性测量装置提供的数据，包括目标信息和外大气层杀伤器的自身运动参数，识别真假目标，选择瞄准点并计算正确的拦截弹道，并发送指令给姿态控制与轨道控制系统，使外大气层杀伤器准确地飞向目标并与其相撞。

姿态控制与轨道控制系统由 6 个姿态控制发动机、4 个轨道控制发动机和推进剂储箱等组成，可为动能杀伤器提供横向机动飞行能力和保持姿态稳定。

地基中段防御系统的整个作战过程是：天基预警卫星（"国防支援计划"卫星、"空间跟踪与监视系统"卫星）探测到弹道导弹发射，地面预警雷达（"铺路爪"雷达、"丹麦眼镜蛇"雷达）探测和跟踪来袭导弹的飞行轨迹，地面跟踪和制导雷达（海基 X 波段雷达、AN/TPY-2 雷达）精确跟踪和识别目标，指挥控制系统（C2BMC 系统）控制发射地基中段拦截弹拦截来袭弹道导弹，并进行拦截效果评估（图 4-13）。

近年来，美国共进行了 19 次地基中段拦截试验，11 次拦截成功。其中，2017 年 5 月 30 日，地基中段防御系统首次成功完成洲际弹道导弹拦截试验，对美战略反导武器系统的发展具有里程碑意义。2019 年 3 月 25 日，该系统首次进行齐射测试，重点测试拦截

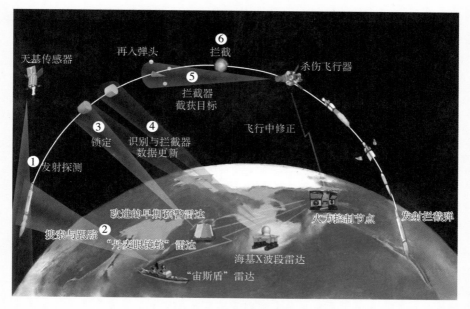

图 4-13　地基中段防御系统的组成及拦截作战过程

弹对洲际弹道导弹的多目标拦截能力，试验的成功大幅提升了该系统对具备复杂突防措施的洲际弹道导弹的作战能力。

二、美国末段高空区域防御系统

美国在海湾战争中使用的防空导弹的最大射高只有约 20 千米，只能用于保护小型重要目标，防御面积较小，拦截造成的导弹碎片经常落在己方或友方领土上，同样会对地面人员和设施造成破坏。海湾战争后，美国提出发展一种能在更远距离、更高处拦截来袭弹道导弹的反导武器系统，这就是后来的末段高空区域防御系统。

"萨德"系统是末段高空区域防御系统的简称，是美国导弹防御体系的地基高层防御部分，比低层防御系统拦截的高度高，距离远，既能在大气层内又能在大气层外撞击杀伤目标。由于拦截距离较远，有较大的空间范围来拦截目标，并有时间判断是否拦截成功，必要时还可以发射第二枚导弹。远距离拦截时，可将来袭弹头对地面上的破坏程度降至最低，弹头碎片也不至于散落在拦截部队头上。

"萨德"的研制计划始于 1987 年，主承包商为洛克希德·马丁空间系统公司（Lockheed Martin Space Systems Company，LMT），2000 年开始工程研制，2008 年 5 月装备美国陆军。主要用于拦截射程 3000 千米内、无突防或简单突防（少量诱饵）的弹道导弹，最大拦截距离为 200 千米，最大拦截高度为 150 千米。

（一）预警跟踪系统

"萨德"系统的预警跟踪系统与远程预警雷达 AN/TPY-2 是一套硬件，只是软件不同，当 AN/TPY-2 雷达充当"萨德"系统的制导雷达时，其与"萨德"系统的发射车、指挥控制系统一同部署，负责对弹道导弹的落点进行估算，实时引导拦截弹飞向目标并进行拦截后的毁伤效果评估。

AN/TPY-2 雷达可以通过公路运输进行机动部署，还可以用大型运输机 C-17 空运，机动性好，生存能力强，可与其他反导武器系统兼容，被认为是目前世界上最先进的陆基移动 X 波段雷达。

（二）指挥控制系统

"萨德"系统的指挥控制系统的主要功能是任务规划、目标威胁评估与排序、最优拦截方案确定，并对整个作战过程进行控制，它由战术作战中心、探测器系统接口和发射车等组成（图 4-14）。

战术作战中心由 2 辆作战车和 2 辆通信车组成（2 辆车互为备份，其中 1 辆用于战斗值班，1 辆用于训练）。内部设备包括 1 台中

图 4-14 "萨德"系统的通信车

央计算机、2 个操作台，还有数据存储器、打印机和传真机等。

　　探测器系统接口主要用于连接指挥控制系统和 AN/TPY-2 雷达以及远程预警雷达。它可以将指挥控制系统发出的任务分配和管理指令传送给雷达，实现侦察、任务控制、作战监视与控制，也可以对需要传送给指挥控制系统的雷达、预警卫星数据进行过滤和处理，以减轻通信负荷，避免通信线路堵塞。

　　发射控制站提供自动化数据传输和语音通信，既可以实现指挥控制系统内的无线电通信功能，还可以实现探测器系统接口与发射车之间的通信。

（三）拦截武器系统

　　"萨德"系统的拦截弹采用倾斜热发射，一套系统可配 9 辆发射车（图 4-15），每辆发射车可装 8 发拦截弹。发射车与陆军现有的车辆具有通用性，编组人员可以在不到 30 分钟的时间里给发射车重新装弹，并在接到发射命令后的几秒钟内发射拦截弹。"萨德"系统发射车可用 C-141 运输机运输，使得系统具备快速部署能力。车上有蓄电池，发射车能连续 12 天自动工作而无须充电。

"萨德"系统的拦截弹在发射前都装在装运箱内（图 4-16），装运箱由石墨/环氧树脂材料制造而成，采用气密式密封，能够保证拦截弹在储存或运输时始终保持检验合格状态。装运箱不但能保护拦截弹，还具有发射筒的作用——装运箱安装到发射车上，拦截弹直接从装运箱中发射。

"萨德"系统的拦截弹主要由动能杀伤器、级间段和固体火箭助推器 3 部分组成（图 4-17）。拦截弹的长度为 6.17 米，最大弹径 0.37 米，起飞重量 900 千克。"萨德"系统拦截弹的结构并不复杂，但无论发动机还是动能杀伤器，其性能都达到了很高的水平。由于使用高性能的单级固体火箭发动机，燃烧速度很快，拦截弹的射高覆盖了 40～150 千米的范围，射程高达 200 千米，这也使得拦截弹既能在大气层内拦截中短程弹道导弹，又可用于大气高层和大气层外拦截。

图 4-15　"萨德"系统发射车

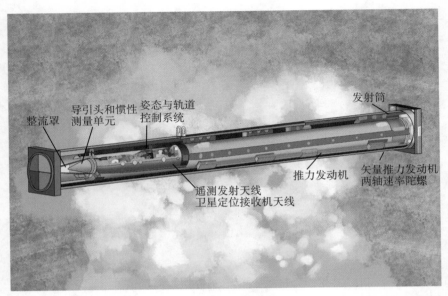

整流罩

导引头和惯性
测量单元

姿态与轨道
控制系统

发射筒

推力发动机

矢量推力发动机
两轴速率陀螺

遥测发射天线
卫星定位接收机天线

图 4-16 "萨德"系统的拦截弹结构图

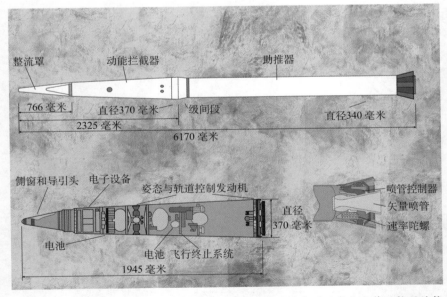

整流罩

动能拦截器

助推器

766 毫米

直径370 毫米

级间段

直径340 毫米

2325 毫米

6170 毫米

侧窗和导引头

电子设备

姿态与轨道控制发动机

喷管控制器

矢量喷管

直径
370
毫米

速率陀螺

电池

电池 飞行终止系统

1945 毫米

图 4-17 "萨德"系统的拦截弹、动能杀伤器及固体火箭助推器结构

　　拦截弹的动能杀伤器主要由捕获和跟踪目标的中波红外导引头、制导电子设备（包括电子计算机和采用激光陀螺的惯性测量装置）以及用于机动飞行的姿态与轨道控制系统组成。整个拦截器（包括保护罩）长 2.325 米，底部直径为 0.37 米，质量为 40 ～ 60 千克。动能杀伤器安装在一个双锥体结构内：前锥体用不锈钢制造而成，其侧面镶嵌有一块矩形的蓝宝石板，用于导引头跟踪目标；后锥体用复合材料制造而成。为了保护导引头及其窗口，在前锥体的前面还有一个保护罩，由两块蚌壳式的保护板组成，在导引头即将捕获目标之前抛掉。在大气层内飞行期间，保护罩遮盖在头锥上，以减小气动阻力，并保护导引头窗口不受气动加热。

　　动能杀伤器的姿态与轨道控制系统（图 4-18）提供姿态、滚动和稳定控制，也提供最后拦截的变轨能力。姿态控制系统由 6 台较小的发动机组成（4 台俯仰与滚动控制发动机以及 2 台偏航控制发

图 4-18　"萨德"系统拦截弹动能杀伤器的姿态与轨道控制系统

动机），轨道控制系统由 4 台发动机组成。用于制导的集成电子设备组件包括几台简化指令的计算机，用于直接动能杀伤器制导指令计算；采用环形激光陀螺的惯性测量装置用于测量和稳定平台的运动，并作为导引头的测量基准。

目前，美国在得克萨斯州部署了 5 个"萨德"导弹连，其中 3 个部署于布利斯堡兵营，2 个部署于胡德堡兵营。2005 年以来，美国对"萨德"系统共进行了 16 次拦截测试，成功率达 100%。其中，2017 年 7 月 30 日，"萨德"系统首次成功进行了具有标志性意义的中程弹道导弹实弹拦截试验。2019 年 8 月 30 日，在位于马绍尔群岛的罗纳德·里根弹道导弹防御试验场（简称里根试验场）实施的拦截试验增加了通信和指挥控制难度，全面检验了"萨德"系统对中程弹道导弹的拦截能力。

三、俄罗斯 C-400 防空反导武器系统

C-400 防空反导武器系统是俄罗斯现役的防空与末段低层反导一体化地空导弹武器系统，由俄罗斯金刚石-安泰（Almaz-Antey）公司于 20 世纪 90 年代初开始设计，2007 年开始装备部队，又称"凯旋"（Triumf）系统。该系统的主要作战用途为杀伤各类飞机、巡航导弹等空气动力学目标和拦截射程小于 3500 千米、速度小于 5 千米/秒的弹道导弹。

C-400 防空反导武器系统通常由团级指挥部、防空反导营两级组成，一个团级指挥部最多可同时指挥 6 个火力营，其组成如图 4-19 所示。

（一）预警跟踪系统

C-400 防空反导武器系统对目标的探测与跟踪由 91H6E 目标搜

指挥控制站　　　　　　　　目标搜索指示雷达

多功能制导相控阵雷达

导弹发射架

图 4-19　C-400 防空反导武器系统的组成

索指示雷达、92H6E 多功能雷达完成。

其中，91H6E 目标搜索指示雷达（图 4-20）是一部脉冲式双面相控阵三坐标雷达，探测距离为 600 千米，隶属于团级指挥部，其主要作战任务包括发现、截获、跟踪目标，识别目标类型和敌我属性。目标搜索指示雷达通过指挥控制系统向防空反导营提供目标轨迹数据。

同时，每一个防空反导营都配备有 1 套 92H6E 多功能雷达（图 4-21），该雷达工作在 X 波段，对雷达散射截面为 0.4 平方米的弹

图 4-20　91H6E 目标搜索指示雷达

道导弹的探测距离为 185 千米，可同时跟踪 20 个目标，并制导 20 枚导弹同时拦截 10 个目标。该雷达主要用于根据上级目标指示（目标轨迹、敌我属性、目标类型等特征信息）或自主搜索结果，预测目标轨迹、截获并精确跟踪目标，对目标进行敌我识别。根据目标轨迹和信号特征，确定目标的优先拦截次序，计算需要发射的导弹数量和类型，自动发射导弹（手动发射时计

算机也会给出建议）。发射雷达信号照射已跟踪的目标，向导弹发射弹上无线电测向仪和引信工作指令，评估射击结果。

（二）指挥控制系统

作战指挥车（图 4-22）是 C-400 防空反导武器系统的机动式自动化指挥所，可接收上级或友邻指挥所的预警信息，自动指挥下辖的防空反导营进行作战。作战任务主要包括：指挥 91H6E 搜索指示雷达对目标进行搜索，接收多方来源的雷达信息，进行综合处理，形成统一轨迹数据包，显示综合空情态势。向做好战斗准备的防空

图 4-21　92H6E 多功能雷达的展开状态

图 4-22　作战指挥车

反导营分配拦截目标并发送目标位置信息，在各个工作位置显示器上显示目标分配和目标跟踪结果。必要时，可直接指挥防空反导营进行反导拦截，并能与上级指挥所、友邻指挥所等外部用户协同作战。

（三）拦截武器系统

C-400 防空反导武器系统可发射多种导弹来拦截不同类型的目标，包括 C-300 防空反导武器系统配备的 48H6E2 导弹、在 48H6E2 导弹基础上改进的 48H6E3 导弹、新研制的 9M96E 系列导弹和 40H6E 导弹。其中，48H6E2、48H6E3 导弹用于拦截飞机、战略巡航导弹和战术弹道导弹，9M96E 系列导弹主要用于中、近程防空，40H6E 导弹主要用于远距离拦截战略轰炸机、预警机、电子干扰机以及速度不大于 4800 米 / 秒的中程弹道导弹。

图 4-23　导弹发射装置的作战状态

C-400 防空反导武器系统配有 5Π85TE3、5Π85CE3 和 51Π6EE 三种型号的发射装置，每种发射装置可装载和发射不同类型、不同数量的导弹。5Π85TE3、5Π85CE3 发射装置（图 4-23）可运输、存储和发射 48H6E2 和 48H6E3 型导弹。51Π6E 发射装置可运输、存储和发射 40H6E 型远程导弹或 9M96E 系列中、近程导弹，也可采用两型混装模式。

48H6E3 型导弹（图 4-24）重约 2 吨，长 7.6 米，平均飞行速度超过了 1300 米/秒，与 48H6E2 型导弹相比，战斗部增大装药量和破片质量，战斗部质量提高到 180 千克，破片数量达 9000 多块。

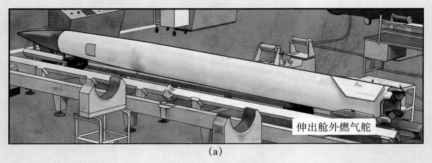

伸出舱外燃气舵

(a)

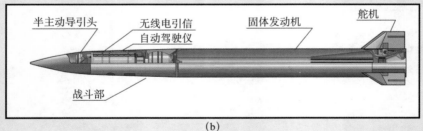

半主动导引头　无线电引信　固体发动机　舵机
　　　　　　　自动驾驶仪
战斗部

(b)

图 4-24　48H6E3 导弹的外形与结构布局

2006 年末，C-400 防空反导武器系统进行了一次弹道导弹拦截试验，成功地杀伤弹道导弹的弹头。2007 年 7 月，在卡普斯京亚尔（Kapustin Yar）靶场，C-400 防空反导武器系统在 16 千米高处成功拦截一个飞行速度为 2800 米/秒的靶标。

第五章

发展趋势：
更坚固的盾

兵无常势，水无常形。能因敌变化而取胜
者，谓之神。

——《孙子兵法·虚实篇》

弹道导弹和反导武器系统是矛与盾的关系，拥有弹道导弹技术的国家不断发展各种突防措施，如通过研究新型诱饵技术等方式来突破对方的层层防御，反导武器系统因此也需要不断提升性能，优化拦截作战方式，提高拦截效率。

一、弹道导弹突防技术的发展：更锋利的矛

（一）隐身突防

红外预警卫星主要通过探测导弹助推器尾焰产生的红外辐射来监测弹道导弹发射，地基雷达主要利用雷达波反射来精确探测、捕获和跟踪来袭弹道导弹，并引导拦截弹进行拦截。为了迟滞弹道导弹被发现的时间，缩短反导武器系统的反应时间，从而提高导弹突破防御的能力，发射方往往采用各种技术手段来降低导弹的温度，或减小弹头的雷达反射面积。

红外隐身技术手段包括：一是在导弹的燃料中加入添加剂改变导弹助推器尾焰发射的红外光谱，使之不在预警系统红外探测器的探测范围内；二是在导弹喷管外安装红外吸收装置，减小自身红外辐射，缩短被发现的距离；三是采用超低温技术，减少弹头的红外特征，如用充满液氮的冷却罩把弹头包裹起来，可以防止被红外探测器发现。

雷达隐身技术方法主要有两类：一类是优化导弹外形，一类是使用耗散雷达波的材料。优化导弹外形是指将导弹弹头做成尖锥形，使反射雷达波的面积很小，并通过姿态控制系统保持弹头头锥始终指向对方雷达，这样照射过来的大部分雷达波就会被反射到其他方向。耗散雷达波的材料是指在导弹包括弹头表面涂敷电磁波吸收型

或干扰型涂料，耗散敌方发射来的雷达波。这两种隐身技术方法都能使预警雷达因接收到的雷达波信号能量很弱而难以准确发现目标。例如，俄罗斯的等离子雷达隐身技术可以使导弹被雷达发现的概率降低 99% 以上。另外，纳米隐身材料、高分子聚合物材料等新型材料也可应用于弹道导弹雷达隐身。

（二）欺骗和干扰突防

欺骗和干扰的目的都是阻碍反导武器系统对弹头的探测和识别，从而无法进行有效拦截。

阻碍反导武器系统识别弹头的主要措施包括：在中段飞行时释放大量的外形与弹头相似的带有金属涂层的气球，或者在弹头周边抛撒众多细小的金属箔条或箔丝对雷达进行干扰，或者在每个带有金属涂层的气球里安装小的加热器，以及在导弹或弹头上安装红外干扰装置，从而欺骗红外探测器。

阻碍反导武器系统探测弹头的主要措施包括：用有源或无源电子干扰机干扰雷达，或者利用核爆炸提前攻击，使反导武器系统的预警跟踪系统变盲，令反导指挥控制系统瘫痪。

（三）机动变轨突防

机动变轨通常是指弹道导弹利用空气动力或发动机推力改变飞行轨道，以躲避敌方反导武器系统的拦截。由于进攻的弹道导弹速度非常快，反导指挥控制系统通常根据探测到的弹道导弹前段飞行轨迹来预测之后的飞行轨迹，并控制拦截弹飞向预计的拦截点，从而实现对弹道导弹的拦截。如果弹道导弹进行较大机动，则地面雷达需要重新进行捕获跟踪，拦截弹需要在短时间内进行大范围的机动，这将严重影响拦截的成功率。

随着技术的提升，弹道导弹机动技术从弹道末段变轨向全弹道变轨发展。以往的弹道导弹多采用弹头机动，就是弹头在末段进行螺旋机动和 S 形机动。全弹道变轨突防的弹道导弹则能在从发射到攻击地面目标的整个飞行阶段都进行机动飞行（图 5-1）。最新发展的高超声速滑翔式弹道导弹能实现全弹道机动，机动能力更强。

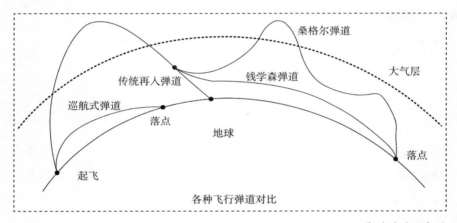

图 5-1　导弹弹道示意图

桑格尔弹道

德国火箭科学家尤金·桑格尔（Eugen Sänger）于 1933 年提出了火箭助推 - 大气层边缘跳跃飞行的概念，它设想通过火箭将亚轨道轰炸机推出大气层之后，采用弹跳轨迹的方式延长射程。桑格尔计算出，火箭从德国发射的话，只需三次跳跃就可到达美国东海岸。桑格尔弹道的特点是利用近地空间几乎真空的低阻力延长射程。

高超声速滑翔式弹道导弹的弹头与火箭分离后飞入高弹道（30～120千米），再下降至低空滑翔，然后短距离上升到顶点，接着又向下滑翔较长距离后向目标俯冲。实际上这是一种波浪式弹道，变化不定，不但飞行速度能达到 20 倍声速，还能在动力的辅助下于临近空间像打水漂一样跳跃滑翔，飞行末端的打击范围能覆盖数百乃至数千千米内的目标。由于飞行弹道低，不易被发现和拦截，飞行中的反复机动可使反导武器系统中的指挥控制

钱学森弹道

我国著名科学家钱学森于 20 世纪 40 年代提出了一种新型导弹弹道，又称"助推—滑翔"弹道。这种弹道的特点是将弹道导弹和飞航导弹的轨迹融合在一起，使之既有弹道导弹的突防性能，又有飞航式导弹的灵活性。

计算机无法进行有效的弹道预测，从而大幅提高突防能力。

二、预警跟踪系统的发展趋势：全维探测，看得更远、更清

为了应对弹道导弹突防技术的发展，反导武器系统必须尽早发现威胁，精确测量和预测目标轨迹，准确分辨目标与诱饵，为目标拦截提供更多的反应时间。通过将所有战略、战役和战术级陆、海、空、天基探测器进行统一部署，互联互通，形成有机整体，构成从远到近、从高到低的全空域、大范围、多层次的全维探测网。利用信息融合技术实现对整个战场态势的探测，并高效迅速地提供给反导部队，使反导作战过程始终与战场态势保持同步，其所提供信息的完整性和精确度将远远超过任何单个探测器。

（一）新的天基预警跟踪技术

现有预警跟踪系统天基预警主要使用的是红外传感器，提供的

目标状态信息较为粗略。发展新的预警卫星，通过发射激光、高能粒子束等，不但可以对来袭目标进行高分辨率成像，甚至可以"看"到弹头内部的情况，从而识别出真假弹头。另外，还能形成目标轮廓以及清晰的目标图像，形象地显示导弹姿态和轨迹的变化情况，并进行精确测量，从而提高对弹道导弹探测跟踪的精度。

（二）新型预警跟踪平台

目前地面预警雷达的技术比较成熟，工作性能稳定，但受地球曲率的影响对低高度目标探测盲区较大，同时受国界限制难以实现全球探测，同时当天气恶劣时，陆基预警雷达的工作性能会有很大的衰减。天基预警雷达与陆基预警雷达相比有着天然的优势，但是要想在太空中维持雷达的超高功率运行，消耗的能量之大，仅靠太阳能是远远不够的。于是，人们开始考虑将预警跟踪设备搭载在临近空间飞行平台上。

临近空间是指距离地面 20 ～ 100 千米的空间，是飞机飞行的最高高度与卫星运行轨道的最低高度之间的空间。发展飞艇、长航时无人机等能搭载预警跟踪设备的临近空间飞行器，不但能够快速灵活地抵近敌方部署，将探测范围覆盖敌方发射阵地区域，满足尽早发现来袭导弹的需求，而且能对这片区域进行长时间连续探测。

（三）多种预警平台协同探测

弹道导弹正朝隐身、隐蔽、高速、机动、太空部署等方向发展，单一类型的探测设备无法满足预警跟踪识别的全部要求，天基、地基（海基）、空基等多种探测器联合组网，可以突破单一探测器的能力限制，发挥各种预警跟踪系统的优势。

天基预警卫星、天波超视距雷达、临近空间浮空预警设备等探测装备可以提供目标早期的预警信息，而地基远程预警相控阵雷达、预警机、海基探测装备可以对目标进行精确跟踪。天基红外预警装备覆盖面积大，通过星座组网可使其具有全球覆盖及重点地区多重覆盖的能力，但只能对目标进行概略定位，难以进行准确跟踪和预测。天波超视距雷达虽然比常规地基雷达具有探测较大范围高超声速滑翔飞行器的能力，但若想在国境线周边实现全覆盖，也需要数量可观的该型雷达，而且不能测定目标的高度，测量精度也不高。空基、海基机动平台尽管可前伸部署，但是前伸的范围受到约束，探测范围仍然有限。采用陆、海、空、天一体以及雷达红外等多探测器并用的多平台、多探测器协同探测，可以满足对弹道导弹的全球覆盖、重点区域的多重覆盖的要求。

弹道导弹从发射到拦截需要反导武器系统的众多探测设备协同探测同一目标，通过利用多源信息融合技术提取更多的信息，以提高目标相关属性信息（如弹头类型）识别的准确性、目标轨迹跟踪的精度，有助于确定目标威胁程度和拦截顺序，提高反电磁干扰能力。然而，由于不同类型的探测设备获取的电磁、光、红外等信息互不相同，信息源的时间和空间覆盖范围不同，采取何种规则进行组合，以获得被测目标身份估计的一致性解释或描述，对海量多源信息融合技术来说是巨大的技术挑战。

三、指挥控制系统的发展趋势：分布式协同，算得更快、更精

导弹防御作战发起突然，节奏极快，所有的作战筹划、决策和行动都必须迅速做出，不能有一点拖延。再加上不断发展进步的弹

道导弹突防技术和日益复杂的战场环境，作战进程的发展将变得更加瞬息万变，难以把控。射程在8000千米以上的洲际弹道导弹，从发射到落地仅需要30～40分钟，其他近程、中程弹道导弹的飞行时间则更短，反导作战辅助决策必须具有高准确性、高实时性。指挥控制系统向高度自动化、网络化发展是必然趋势。

（一）自动化

按照作战流程，可将弹道导弹防御作战辅助决策分为威胁评估、目标分配和协同拦截。其中，威胁评估是根据多个来袭弹道导弹对防御要地的威胁程度进行排序，威胁程度大的弹道导弹被首先拦截，威胁评估是作战辅助决策首先需要解决的问题。一个国家的首都或重要工业城市往往有多套反导武器系统防护，当多枚导弹来袭时，需要确定哪一枚弹道导弹由哪一套反导武器系统拦截，目标分配就是要解决这个问题的。目标分配按照一定的原则将一定数量的来袭导弹合理分配到反导武器系统，通过反导武器系统之间的"高效分工"，使处于最有利位置的反导武器系统拦截所分配的目标，有助于提升对目标整体的杀伤概率。协同拦截是反导武器系统针对分配的拦截目标，由分布在不同地理位置的发射装置同时进行拦截的过程。

反导武器系统必须在极短的时间内，完成对目标的探测、捕获、跟踪、识别、拦截、评估（二次拦截）等一系列动作。若其中的任何一个环节出现延迟或差错，都会极大影响后续的作战进程，甚至延误拦截时机，导致作战失败。完全依靠人来进行指挥控制不仅无法满足快速响应的要求，而且在高压状态下容易出错。

此外，无源箔条干扰、有源干扰机、轻重诱饵、分导弹头、末段机动等突防手段的发展运用，更是对反导武器系统的应变能力提出了更高要求。如果没有指挥控制系统的自动化分析和辅助决策，仅依靠指挥员的人工判读和处置，必然处处被动，难有还手之力。

因此，自动化是导弹防御作战发展演变的必然要求，也是反导武器系统的重要发展方向。只有依靠高度自动化和智能化的指挥控制系统，指挥员才能拥有更加充分的反应时间和决策依据，指挥整个反导武器系统高速、高效运转，迅速形成强大的信息优势、决策优势和行动优势，以取得作战的最后胜利。

（二）网络化

分布式指挥控制网络是连接全维预警探测网和一体化拦截打击网的纽带与基础，整个网络通过许多自动化的指挥控制程序进行管理，对预警跟踪系统和拦截武器系统进行动态任务分配。各级预警跟踪系统获得的目标信息可直接传送给拦截武器系统，大大缩短响应时间。分布式指挥控制网可减少指挥层次，形成适应性强且抗毁性高的扁平化指挥控制结构，具有动态开放性和灵活重组性，可实现探测器和发射装置的即插即用，实现反导作战资源的互联互通和互操作。

1. 动态重组技术

主要指通信链路及系统组成结构的动态重组。动态重组能力体现在两个方面，除了集中指挥节点指挥控制能力的动态转移外，还可在集中指挥节点的统一控制下，使得所辖各作战资源之间形成动态作战组合，即根据不同的空袭模式形成不同的防御方案，达到最佳防御效能。

2.一体化数据链技术

数据链传输将仍然是导弹防御作战的关键环节之一，同时为适应未来战争的需求，导弹防御数据链将继续朝高速率、大容量、安全保密和抗干扰等方向发展。功能将由单一通信向通信、导航、识别等功能综合化方向发展，并由点对点通信向网络化发展。通过建立新的互通标准，实现与公共接口装置相连，实现并提高数据链的互通能力。此外，为提高数据链的整体作战效能，数据链还将朝一体化、集成化、体系化方向发展。

四、拦截武器系统的发展趋势：一体化拦截，防得更准、更严

（一）通用化

拦截不同飞行阶段的弹道导弹对动能杀伤器的要求各不相同。比如助推段拦截要求能迅速估计目标状态，从瞄准导弹尾焰过渡到瞄准弹体；中段拦截对在大气层外的目标识别能力提出了很高的要求；末段拦截需要很高的机动性且需要考虑气动力的影响。因此，拦截不同飞行阶段目标的反导武器系统常常配备不同种类的动能杀伤器。

针对每一类目标设计一种专门的动能杀伤器自然能更有效地完成任务，但动能杀伤器结构非常复杂，设计难度大，需要进行很多次试验验证才能最终定型服役，成本极高。为了降低技术风险，缩短研发周期，人们希望能够设计一种通用的拦截器，既可在陆地发射，又能在舰船上发射，还能在飞机上发射；既可用于大气层外作战，又可用于大气层内作战。

目前美国正在进行战区反导动能杀伤器通用化的研究，包括大

气层内或大气层外使用的各种动能杀伤器的通用化，同时也在探索既可地基又可海基部署的多用途拦截弹。虽然很多项目没有进行下去，却代表了动能杀伤器发展的通用化趋势。

（二）轻小型化

弹道导弹在中段飞行时会释放很多诱饵和干扰，而且随着突防技术的发展，将这些诱饵和干扰与真正的目标区分开来的难度越来越大。对此，美国国防部和导弹防御局提出发展轻小型动能杀伤器，也就是通过设计性能高、成本低、尺寸小且质量轻（千克级）的微型动能杀伤器，让一枚拦截弹一次携带上百个微型动能杀伤器，去拦截每一个可能有威胁的目标，而不必进行复杂的识别。这样发射前就无须大量的情报来支持作战决策，也降低了对反导武器系统的目标识别和威胁判断能力的要求。这代表反导作战模式从"狙击枪"模式向"霰弹枪"模式转移。

20世纪80年代以来，美国研制和试验的动能杀伤器的质量已从1200千克发展到90年代的160千克，到21世纪初已缩小到了55千克。动能杀伤器的轻小型化技术虽然已经取得了突破性的进展，但其在向轻小型化发展的道路上仍面临两大主要难点。一是动能杀伤器零部件的小型化，既要减小像导引头、陀螺仪、加速度计这样的关键部件的体积，又不能把性能降低太多，这就要求不能直接按比例缩减尺寸和质量，而是需要从系统水平进行整体考虑；二是降低动能杀伤器的成本，目前制造一个大型动能杀伤器的成本是几百万美元，而微型动能杀伤器的成本只有降到每个几千美元，实现一枚拦截弹携带大量微型动能杀伤器对所有来袭目标进行无差别的拦截才具备经济可行性。

（三）智能化

为实现同时对多个来袭的导弹进行精准拦截，以美国为代表的国家正在探索多个动能杀伤器之间的协同作战技术。多个动能杀伤器进行群体作战时，通过指定其中一个为拦截任务管理拦截器，它通过接收来自地基（海基）X波段雷达、天基"空间跟踪与监视系统"卫星的最新威胁评估信息，将具体的拦截目标分配给每个动能杀伤器，并对它们进行协调控制。当发现准备拦截的是假目标时，拦截任务管理拦截器发出指令，中止该动能杀伤器对假目标的拦截，并为其分配新的目标。对于威胁较大的目标也可以分配两枚或多枚动能杀伤器同时拦截，在拦截的最后阶段还可以将最终的拦截效果评估信息传送回地面指挥控制系统。通过通信链路，群体作战的各个动能杀伤器可以进行信息交换和相互配合，从而实现协同拦截和"发射后不管"的目标。

五、反导体系的总体发展趋势：一体化

面对现代弹道导弹突防技术的发展，除了提高预警跟踪系统、指挥控制系统和拦截武器系统的性能外，目前正在研究如何将各种反导武器系统融合起来，以充分发挥其特长，也就是建立一体化拦截网。美国从21世纪初开始到现在还一直在为实现这个目标而努力。

一体化拦截网就是作战人员可根据战场态势和目标特性，控制分布在防区内不同位置的发射装置，应用拦截武器系统与目标的快速自动匹配算法，迅速选择打击目标效果最佳的发射装置，并发射拦截弹对目标进行拦截，最大限度地发挥各反导武器系统的作战能力。

在一体化反导体系中，各类反导作战资源可分布在一个更大范围的空间内，而且反导作战资源之间在作战时不必有固定的隶属关系。也就是说，A 反导武器系统的指挥控制系统可以指挥 B 反导武器系统的预警跟踪系统对目标进行探测，并控制 C 反导武器系统的拦截武器系统发射拦截弹拦截目标，从而确保能利用最适当的预警跟踪系统发现目标，能利用最佳的拦截武器系统拦截最恰当的目标。

一体化反导体系打破了以往中段、末段高层、末段低层反导等系统在预警跟踪、信息情报、拦截打击等方面的限制，通过将预警信息高度融合、杀伤链最优化，实现任意预警跟踪系统与任意拦截武器系统之间的无缝匹配作战，可以使反导资源达到系统优化的最高效能，有效应对不同射程、不同类型弹道导弹的威胁。针对复杂、不同类型的目标，借助预警探测信息的全球高速共享，一体化反导体系可实现在助推段、中段和末段实施多层与多次拦截，有效提升反导作战能力和效率。

参 考 文 献

北京航天情报与信息研究所 . 2020. 世界防空反导导弹手册 . 北京：中国宇航出版社 .

陈坚，等 . 2001. 图说美国弹道导弹防御 . 北京：解放军出版社 .

弗·谢·别洛乌斯 . 2004. 反导弹防御和 21 世纪的武器 . 徐锦栋，等译 . 北京：东方出版社 .

科津·弗拉基米尔·彼得罗维奇 . 2018. 美国导弹防御系统的演进与俄罗斯的立场 . 刘
    巍，陈晓兰，李庆峰，等译 . 北京：海潮出版社 .

刘石泉 . 2003. 弹道导弹突防技术导论 . 北京：中国宇航出版社 .

刘兴，梁维泰，赵敏 . 2008. 一体化空天防御系统 . 北京：国防工业出版社 .

陆伟宁 . 2007. 弹道导弹攻防对抗技术 . 北京：中国宇航出版社 .

卿文辉 . 2009. 霸权与安全：美国导弹防御史话 . 长春：吉林出版集团 .

孙景文，李志民 . 2004. 导弹防御与空间对抗 . 北京：原子能出版社 .

孙连山，杨晋辉 . 2004. 导弹防御系统 . 北京：航空工业出版社 .

孙逊，韩略 . 2020. 美国欧亚地区导弹防御政策研究 . 北京：时事出版社 .

闻洪卫，董玉江，等 . 2013. 信息时代的空天防御 . 北京：蓝天出版社 .

徐岩，李莉 . 2001. 天盾：美国导弹防御系统 . 北京：解放军文艺出版社 .

朱锋 . 2001. 弹道导弹防御计划与国际安全 . 上海：上海人民出版社 .

朱强国 . 2004. 美国战略导弹防御计划的动因 . 北京：世界知识出版社 .